U0206715

草原生态补偿的
跨尺度影响研究

范明明 著

Cross-scale Impacts of Payment for
Ecosystem Services Policy in Grassland Area

中国社会科学出版社

图书在版编目（CIP）数据

草原生态补偿的跨尺度影响研究／范明明著．—北京：中国社会科学
出版社，2020.11
ISBN 978 - 7 - 5203 - 7543 - 6

Ⅰ.①草… Ⅱ.①范… Ⅲ.①草原生态系统—补偿机制—
研究—中国 Ⅳ.①S812.29

中国版本图书馆 CIP 数据核字（2020）第 237435 号

出 版 人	赵剑英
责任编辑	陈雅慧
责任校对	王佳玉
责任印制	戴 宽

出　　版	中国社会科学出版社
社　　址	北京鼓楼西大街甲 158 号
邮　　编	100720
网　　址	http://www.csspw.cn
发 行 部	010 - 84083685
门 市 部	010 - 84029450
经　　销	新华书店及其他书店

印　　刷	北京明恒达印务有限公司
装　　订	廊坊市广阳区广增装订厂
版　　次	2020 年 11 月第 1 版
印　　次	2020 年 11 月第 1 次印刷

开　　本	710×1000 1/16
印　　张	15.75
插　　页	2
字　　数	251 千字
定　　价	86.00 元

序　言

　　始于 21 世纪初，从退牧还草到草原生态奖补，我国一系列的草原生态治理政策已经实施近 20 年的时间，中央及地方政府对草原生态治理的投入逐年增加。根据国家林业与草原保护局 2018 年发布的《中国草原保护情况》，为了治理草原生态退化，2011—2018 年，国家累计投入草原生态奖补资金 1326 亿元，并且近两年来仍在逐年增加，已成为当前资金投入最大的生态治理项目；在生计方面，上述报告显示 2016 年牧民人均收入比全国农牧民总体人均收入低 37%。由此可见，尽管近 20 年来各级政府投入了巨大的财力，然而无论在生态还是生计方面，草原生态补偿政策及其效果仍存在亟待探讨和解决的问题。因此，范明明博士的专著《草原生态补偿的跨尺度影响研究》，选题不仅具有重要的理论意义，也具有很强的政策现实意义。

　　本书的主要内容来自作者在北京大学所完成的博士学位论文。范明明 2008 年本科毕业后申请进入我的研究组，在攻读博士学位期间，除一年在日本早稻田大学交流访学外，其余六年在内蒙古的锡林郭勒盟以及阿拉善盟、新疆的塔城以及博州等牧区开展了踏实的田野调研工作，共访谈 300 余户农牧民及相关的地方政府部门，获得了大量的第一手资料。因为选题所限，最终体现在本书中的材料，以内蒙古的阿拉善，以及新疆的精河两个案例地的调查数据和信息为主。该书系统地总结了生态补偿理论的机制以及存在的问题，从社会系统和生态系统关系视角出发，在深入分析并揭示案例地存在问题的基础上，从理论上阐释了现有生态补偿政策出现问题的根本原因，并提出相关的政策完善和改进建议。

　　具体而言，本书的研究特色和贡献主要体现在三方面。首先，在理论层面，作者指出目前生态补偿政策出现问题的主要根源之一，在于忽视了社会生态系统及其过程的复杂性，尤其是忽略了社会系统和生态系统的相互反馈关系，基于此提出用"社会生态系统补偿"概念（Payment for Social Ecological System Service，PSESS），取代"生态补偿"概念（Payment for Ecosystem Service，PES），并通过论证牧民和牲畜对维持草场生态系统健康的重要作用，阐释这一新的理论概念（PSESS）的重要性及对实际问题的解释力。对"生态补偿"这一概念的重构，能够避免以往生态补偿政策制定和执行中仅关注单纯生态系统的情况，强调社会和生态系统作为一个耦合整体在自然资源管理中的重要性；特别地，区别于以往单纯强调人类对生态系统负面干扰的生态治理思路，突出人类的放牧活动，以及由此产生的文化和观念等对维持生态系统结构和过程的重要作用。在具有上千年放牧史的牧区社会生态系统中，人—畜—草三者之间已经形成紧密的耦合和相互反馈关系，人（通过畜）与草之间，并不似割韭菜那样简单的消费与被消费、利用与被利用的关系，人类及其饲养的牲畜已经成为维持健康草原生态系统中一个不可或缺的要素。因此，在这样一个人与自然紧密耦合的复杂系统内，不能简单套用市场经济的逻辑，试图用金钱购买生态服务的思路，在草原治理中需要慎重。

其次，在研究方法层面，针对草原生态治理过程中出现的"在解决某一尺度内的问题时，往往以另一尺度的社会和生态损失为代价"这一实际问题，基于社会生态系统理论、生态学弹性理论等多学科的相关研究，建立了跨尺度理论分析框架，用以分析生态补偿政策的多尺度影响和跨尺度机制，对现有的生态补偿领域的研究内容及方法是一个补充。

最后，针对干旱区草原社会生态系统的特点，改变了农区以单位土地面积的经济效益作为关键因素的评价思维。基于干旱区的制约性资源是水资源而非土地资源这一事实，采用单位水资源的经济效益作为评价牧民替代生计的经济、生态效果的关键指标，对干旱区生态治理政策出现的问题具有很好的解释力，对中国草原生态治理政策的改进提供了一个新的思路和视角。

"解决一个问题的同时，出现更多问题"是生态治理中普遍存在的现象，其根源往往在于忽略了将系统整体作为一个考量对象。内蒙古阿拉善的案例，是一个关于禁牧政策背景下的生态移民的故事。为了达到禁牧的政策效果，牧民被异地安置在项目区以外的区域从事农业生产，生计来源因而从牧业转为农业。其政策出发点是，通过农业生产集约化利用土地，来减少牧民对于大范围草场的影响。但是，土地资源的集约化生产背后是水资源的大量消耗，农业耕种的户均生产用水相比以往的畜牧业生产增加数十倍。结果是，草场上牲畜压力虽然减小了，但是更大尺度上整个区域的水资源尤其是地下水资源消耗巨大，目前水资源短缺已经成为阿拉善左旗最主要的生态问题，导致当地社会经济的发展甚至盟首府巴彦浩特的生活用水也受到越来越严重的制约。新疆精河的案例，呈现了一个为了推进游牧民定居而鼓励牧民种植饲草料的故事。在该案例中，生态政策试图通过稳定的饲草农业种植来解决传统畜牧业靠天养牧的不确定性，这种政策的逻辑看似很合乎道理，但是因为只看到草的问题、着眼解决草的问题，忽略了社会生态系统作为一个整体的不可分割性，所以在解决草的问题的同时，给更为重要的、在干旱区属于"卡脖子"因素的水资源带来了压力。这两个不同牧区的案例所揭示的另一个共同现象是，干旱区"小面积搞生产"的农业化饲草种植方式会进一步加剧干旱区水资源的紧缺，长期而言约束当地的经济发展，并且可能对当地整体生态系统造成不可逆转的破坏。

不可否认，因为复杂系统中各要素之间的相互反馈、环环相扣，人类社会自身就是在——"解决一个问题的同时，带来另外的新问题"，继而解决这个新问题的同时又产生了另外的新问题——这样的过程中不断演化和进步。问题的关键在于，研究者和决策者需要针对问题，确定合适的空间和时间尺度，在此尺度内，尽量使得因为解决旧问题而产生的新问题不比之前的旧问题更严重、更难缠。

除了激发理论上的探讨，期待本书也能够对中国草原生态治理的相关政策制定和执行有所帮助。

李文军

2020 年 10 月 2 日于燕园

目　　录

第二部分　理论与方法

第三部分　案例分析

第四部分　建议与结论

前　　言

从 20 世纪 90 年代开始，退化、沙尘暴、沙漠化等词语成为和草原同时出现的高频词，草原退化成为需要刻不容缓解决的生态问题。多数学者与政府决策人员均认为超载放牧是草原退化的主要原因，因此"减少牲畜数量"成为生态治理目标。同时为保障牧民的生活，政府以提供现金、口粮、基础设施建设等形式对牧民进行"生态补偿"，这也成为政策落实的主要手段。

中国草场生态补偿政策已经实施了十几年的时间，中央及地方政府对草场生态治理的投入逐年增加，但是从政策的实施效果来看，仍然呈现"局部好转，整体退化"的趋势，同时牧民生计与牧区社会经济的发展也面临诸多困境。那么，现行的生态补偿政策是否能够有效处理生态和社会二者之间的问题？为什么会出现"局部好转，整体退化"的现象？生态补偿政策是否为了解决一个尺度上的问题，造成了其他尺度上的影响？这些问题的回答有赖于不同的研究尺度，尤其是考虑到生态补偿政策下牧户生产生活方式在更大时空尺度上的转变，如饲草料地、农田的开垦，若仅采用政策目标尺度的研究结果作为政策评价的依据，很有可能导致不当政策的延续甚至加强，造成更大范围的负面影响。

为了解答上述问题，本书基于生态补偿的文献分析、通过对新疆和内蒙古两个牧业旗县的牧户调查和案例研究以及建立政策影响的跨尺度分析框架的方法，对我国牧区实施范围最广泛的禁牧和休牧政策的影响进行了研究。研究的主要结论有：

（1）从历史时期的草场管理制度梳理来看，我国草原牧区经历了传统游牧的管理方式，人民公社时期集中的、计划性的管理方式，家庭承包责任制之后的个体管理方式，以及 2000 年之后国家生态工程大范围覆盖下的"国家和牧户"的管理方式。从草场管理的尺度来看，草场管理的尺度逐渐缩小和精细化，从传统游牧时期的大尺度的生态系统到目前的单户放牧单元，而生态补偿政策正是基于目前的家庭放牧单位。

（2）生态补偿理论方面，本书通过系统的文献梳理，认为有效的生态补偿政策有赖于两个层面问题的解决："一阶问题"，即资源利用社区（通常的生态服务补偿对象）与生态系统之间的关系，二者如何作用才能实现生态系统服务的生产；"二阶问题"，即通过怎样的外部干预可以促使社区保持某种理想的利用资源的状态。而目前的生态补偿理论研究点集中在如何解决"二阶问题"，而忽略了"一阶问题"，即目标社会生态系统内部复杂性和差异性以及尺度之间的影响机制，从而导致政策的无效或者造成更多的负面影响。基于此，本书提出以"社会生态系统服务"的概念代替目前广泛使用的"生态系统服务"，以避免生态补偿政策由于仅强调生态系统服务外部性的解决而忽视其对社会生态系统整体的影响。以阿拉善左旗禁牧的生态补偿政策为研究对象，发现现行的生态补偿政策将草场社会和生态系统简化为利用和被利用的关系，试图通过排除牲畜及牧民的影响来恢复草场生态。但是，现有的案例研究表明，在较短的时间尺度内禁牧取得了较好的生态效果，但长期禁牧造成植被因缺乏牲畜的采食而无法更新，草场生态因无法得到有效的监管而遭到更多外来者的破坏。

（3）草场是一个复杂的社会生态系统，对政策影响的有效评价有赖于对系统的全面认识。尺度是解构复杂系统的有效视角，为了研究生态补偿政策对草场社会生态系统不同尺度的影响，依赖于已有的社会生态系统理论和多学科尺度的相关研究，本书设计了政策影响的跨尺度分析框架，用于分析政策对社会生态系统的多尺度影响和跨尺度作用机制。

（4）以我国草原地区广泛实施的禁牧和休牧生态补偿政策为例，通过两个典型案例的分析，本书认为，现行生态补偿政策在一个尺度生态或者社会中实现目标，往往是以更大尺度范围内生态及社会的损失为代价，这在一定程度上解释了为什么"局部改善，整体恶化"。在阿拉善左旗，在政策目标尺度内，禁牧政策在实施过程中减少了对草场的压力，但是在更大尺度上，为了实现禁牧目标而通过集中农业生产安置禁牧户的方式，大幅度增加了干旱区稀缺水资源的使用量，长期而言也使牧户生活因水资源产生更多的不确定性；从生态系统整体的尺度来看，以农代牧的生产方式导致干旱区水资源紧缺的情况进一步加剧，约束当地的经济发展，并且可能对当地整体生态系统造成不可逆转的破坏。在新疆精河县，从休牧政策目标尺度来看，依靠饲草料地的畜牧业减少了对春冬草场的利用时间，同时牧户的生活水平有了显著的提高；在政策影响的尺度上，这种"成功"模式源于能够大量依靠外部资源的输入，尤其是依赖于农业生产；从更大尺度艾比湖流域来说，休牧政策将牧户生计的发展从依赖于天然草场转向于依赖于农业种植，实际上是依赖了水资源的大量使用，并不利于该地区社会生态系统的发展。

（5）通过分析传统草原畜牧业在不同尺度上的牧户的生产行为与生态系统之间的相互作用，将草场社会生态系统服务的产生基础总结为：牲畜与植被的反馈关系，牧户通过调节牲畜的数量与分布对草场的利用和管理，以及草原畜牧业生产方式对干旱区水资源系统的适应。而草场生态补偿政策在不同尺度上破坏了上述基础，在政策目标的尺度内，以"减畜"为目标政策驱动力，简化了牲畜与植被间的关系，并且造成人口及牲畜压力向相邻尺度的流动，同时使草场处于管理的真空地带；在政策影响的尺度，以"产出最大化"为经济驱动力，通常依赖水资源的大量消耗，并伴随水资源利用效率下降，将社会活动的生态压力尤其是对稀缺水资源的压力转移到更大尺度的社会生态系统中；而大尺度上的资源限制，又会进一步限制小尺度上系统的可持续发展。因此，现行的生态补偿政策很可能会造成新一轮的生态破坏。

基于上述研究结果，本书提出今后的生态补偿政策应该遵循以下几条原则：（1）政策应以"人—草—畜"系统整体关系的维持代替现有的单一"减畜"的生态目标，其中包括维持"草—畜"关系的适度放牧和维持"人—草"关系的以牧户为管理主体两个方面；（2）在替代性生计的选择方面，应该首要考虑到干旱区的限制性资源——水，以提高水资源效率为选择的重要标准；（3）在草场生态补偿政策的评估中，不仅需要关注政策的目标尺度，同样需要关注为了实现预期目标所影响的尺度，并基于二者的累积效应对政策进行全面的评价。

本书的创新性体现在三个方面：（1）理论层面，认为目前生态补偿政策出现问题的主要根源之一，在于忽视了目标系统内部人对资源管理的作用及社会生态系统过程的复杂性，并基于此提出用社会生态系统补偿的概念（Payment for Social Ecological System Service），并通过草场禁牧政策的案例分析，证明了牧民和牲畜在维持草场生态系统健康方面的重要作用；（2）研究方法层面，基于草场生态治理过程中出现的"在解决某一尺度内的问题时，往往以另一尺度的社会和生态损失为代价"这一实际问题，利用社会生态系统理论和多学科尺度的相关研究，建立了政策影响的跨尺度分析理论框架，用以分析生态补偿政策的多尺度影响和跨尺度机制，对现有的研究内容及方法是一个补充；（3）在干旱区草场生态治理政策的评价思路方面，区别于农区和林区以及大农业中以土地作为关键因素的评价思维，识别了干旱区的限制性资源——水，并以此作为替代生计生态效果的一个评价指标，凸显干旱区的社会生态特征，对于干旱区生态治理政策出现的问题具有很好的解释力，为中国草原生态治理政策的改进提供一个新的思路和视角。

第一部分　我国草原管理尺度的变化及问题提出

第一章　我国草原管理制度沿革及管理尺度变化

　　我国是世界上草原资源丰富的国家之一，拥有天然草原约 4 亿公顷，占国土面积的 41.7%，是耕地的 3.2 倍，是森林的 2.3 倍。从地理分布来看，北方和西部各省区是我国天然草原的主要分布区，西部十二省（区、市）草原面积 3.31 亿公顷，占全国草原面积的 84.2%；内蒙古、新疆、西藏、青海、甘肃和四川六大牧区省份草原面积共 2.93 亿公顷，约占全国草原面积的 3/4。从地带分布来看，我国草原跨越热带、亚热带、温带、高原寒带等多种自然地带，年降雨量从东南的 2000 毫米向西北逐渐减少至 50 毫米以下，海拔高度从 -100 多米至 8000 多米。从草原类型来看，根据 20 世纪 80 年代全国草原资源调查的《中国草地类型分类系统》，我国天然草原依据水热大气候带特征、植被特征和经济利用特性，可划分为 18 个类、53 个组、824 个草原型①。

　　我国草原以位于北部和西北部的干旱半干旱区草原为主。我国草原的面积大、类型多，看上去似乎过于复杂，但是要了解我国草原的基本情况，最关键要清楚一条线——"400 毫米等降水量线"。这条线是一条气

---

　　①　18 个大类分别为高寒草甸类、温性荒漠类、高寒草原类、温性草原类、低地草甸类、温性荒漠草原类、热性灌草丛类、山地草甸类、温性草甸草原类、热性草丛类、暖性灌草丛类、温性草原化荒漠类、高寒荒漠草原类、高寒荒漠类、高寒草甸草原类、暖性草丛类、沼泽类和干热稀树灌草丛类。其中，高寒草甸类面积最大，占我国草原面积的 17.3%，主要分布在青藏高原地区及新疆。温性荒漠类、高寒草原类、温性草原类草原各占全国草原面积的 10% 以上，分别居第二、三、四位，主要分布在我国北方和西部地区。面积较小的五类草原分别是高寒草甸草原类、高寒荒漠类、暖性草丛类、干热稀树灌草丛类和沼泽类草原，面积均不超过全国草原面积的 2%。其余各类草原面积分别占全国草原面积的 2%—7%。

候分界线，同时也是我国农区和牧区的分界线。这条线沿大兴安岭—吕梁山—巴颜喀拉山—唐古拉山—喜马拉雅山一线山脉延伸，东南部分是丘陵平原区，离海洋较近，气候温湿，大部分为农业区；西北部分多为高山峻岭，离海洋远，气候干旱，风沙较多，是主要的草原区。在国际上，通常将年降水量在 200 毫米以下的地区称为干旱区，年降水量在 200—500 毫米的地区称为半干旱区，因此这条线决定了我国草原的主要类型，即以干旱半干旱草原为主。"400 毫米"并非一个简单死板的数字，它意味着一系列的、自然的、无法人为改变的自然规律。

　　人类对于草原的管理，可以说是在应对这样的自然条件的过程中产生、发展和调试的，但是有组织、有意识的管理模式是以形成游牧这一特定的生产方式为标志。传统的游牧方式是持续时间最长的一种草原管理方式，在新中国成立之前，我国草原牧区一直处于传统的游牧状态，以血缘或者军事地域为主要纽带的部落共同管理牲畜、迁徙。20 世纪 50 年代进入人民公社时期，国家开始介入草场管理，并逐渐改造传统的游牧生产方式，尤其改变了传统以血缘为主的社会组织形式，并以互助组和人民公社替代，牧区畜牧业生产成为党领导人民大众建立的公有经济的组成部分。20 世纪 80 年代以后，陆续开展的牲畜承包到户与草场承包到户深刻地改变了草场的利用方式。草畜承包到户实施 30 多年，基于个体经营的草原畜牧业在经济和生态方面的弊端逐渐显现。进入 21 世纪，我国开始了大规模的草原生态治理，到现在已经有 20 年的时间，但是如何管理草原仍旧是一个难题。可以说，从国家的介入开始，我国草原牧区管理依次经历了传统的游牧方式、有计划的集中管理、以家庭为单位的个体管理，以及现阶段的国家和牧户共同管理的方式。本章梳理了我国从古至今草原管理方式转变的四个主要节点，并分析每种草原管理方式的社会经济背景、社会组织形式、产权模式、草原利用方式以及存在的问题。

第一节　游牧时期草原管理（1949 年之前）

　　我国北方草原地区的气候多变，降水量小，土壤贫瘠，并且可利用的地表水极为稀少，不适宜发展农耕和兴建灌溉设施，因此游牧是最佳的管理方式。在历史上，人们驱赶着畜群，逐水草而居，畜产品绝大部分用于自己消费，小部分用于与内地交换粮食等自己不能生产的物品，历经数千年营造了独特的游牧方式与草原文化。[①] 在我国，游牧生产方式主要存在于少数民族，如蒙古族、藏族、哈萨克族、柯尔克孜族、裕固族和塔吉克族等，这些少数民族在内蒙古高原、新疆高山草原、准噶尔盆地草原和青藏高原上形成了各具特色的游牧生产方式和草原文化。

一　游牧时期的草原产权及使用边界

逐水草而居虽然是草原民族的基本游牧方式，但这并不意味着游牧区域具有绝对随意性，草原固然不属于任何人所有，各地区的牧场却大体划分区域，成为固定的部族或部落放牧场所，草原民族的季节迁移、转换营地基本限于在划定的区域内进行，越过界线到其它部落牧场内放牧的现象虽然在草原上不是新鲜事，但以一个区域为基本核心构成游牧空间，却是草原上通行的习惯。[②]

在新中国成立之前，我国北方草原地区处于传统的游牧状态，历经匈奴、乌桓、鲜卑、柔然、突厥、回鹘、契丹、蒙古等民族政权的更迭，游牧这种生产方式延续了数千年的时间。众所周知，游牧逐水草而居、居无定所，那么在这种状态下草场的使用是否存在边界呢，还是完全随意？对于这个问题，历史地理学家和民族历史学家的诸多研究具有很好的参考价值，韩茂莉教授在《历史时期草原民族游牧方式初探》一文中专门讨论了这个问题，并以大量的史料为基础，称"各有分地"是草原民族的通行做法。这种"分地"的边界并不是严格明确的物理边界，由于游牧生产方式的特殊性，跨越边界的事情常有发生，但是放牧范围基本依据以血缘或者氏族为纽带的部落而定，不会发生太大改变。直到清朝，这种草场管理方式才发生了变化，依照满洲八旗制，将蒙古部落划分为旗，并同时划定地

---

① 韩茂莉：《历史时期草原民族游牧方式初探》，《中国经济史研究》2003 年第 4 期。
② 韩茂莉：《历史时期草原民族游牧方式初探》，《中国经济史研究》2003 年第 4 期。

界、指定牧场、编组户，确定各旗的放牧范围，旗边界采取严格的管理。可见，传统游牧的边界并非无章可循，牧场也非绝对开放的公共空间，边界的概念长久以来就是存在的。

那么在草原民族的各个历史时期，草场划分的依据是什么？总体来说，在新中国成立以前我国草原地区历史上经历了自然占有制、部落所有制和分封制三种确定草场所有权的阶段。匈奴是我国最早建立政权的游牧民族，在此之前，草原民族以氏族或者部落的形式共同利用草场，可以推测，在当时人口稀少、草原面积广阔，人们以氏族或部落的形式集中放牧以抵御野兽侵袭、自然灾害，牧场并非稀缺资源，也并不会对谁拥有哪片草场进行规定，草场的使用边界对于当时的人来说可能是个不存在的或者极为弱化的概念。随着草原民族的发展与壮大，匈奴民族建立了政权（前3世纪），由于游牧方式的特殊性，他们建立了军事组织和生产组织合一的体制。牧场是草原畜牧业生产的基础，草场的利用与管理必然与这种军政模式紧密相关。分析匈奴时期所建立的制度对于内蒙古草原的研究打下了基础，著名蒙古学家亦邻真先生明确指出："匈奴人在蒙古地区留下了长久不灭的痕迹……左右翼和十进制的军事行政划分，一直延续到了明清那个时期，直到今天的内蒙古自治区还使用着左、中、右旗的名称。"

《史记·匈奴列传》中记载了草原分地的最初形态："诸左方王将居东方，直上谷以往者，东接秽貉、朝鲜；右方王将居西方，直上郡以西，接月氏、氐、羌；而单于之庭直代、云中"，"自如左右贤王以下至当户，大者万骑，小者数千，凡二十四长，立号曰'万骑'"，"逐水草迁徙，毋城郭常居耕田之业，然亦各有分地"。这段史料描述了当时匈奴政权中分封制、两翼制以及十进制军事制度的形态。自秦之后，中原地区就放弃了分封制，但是在草原地区分封制却长期延续。匈奴分封的措施是建立在血缘关系基础之上的，遵循"同姓分封，异姓置官"的原则，二十四长（万骑）皆出自单于挛鞮氏家族，他们以单于近亲子弟的身份接受分封，以父权制为核心的整个家族分享着国家政治权力和草场资源，依靠"分地"形式各自统治着被他们慑服的大小隶属部落，并且世代相袭。① 两翼制度，又称左右翼制度，是北方游牧民族的军事行政制度之一，是指在分封制度的基础上，最高首领居中控制，两翼长官侧翼拱卫的一种军政合一的地方统治制度。② 匈奴国家的政治结构中，单于将其所统治的地区分成左地、中地（单于庭）和右地三部分，两翼长官指分别分封于左地、右地的同一种姓诸领主（主要包括左右贤王、左右谷蠡王、左右大将、左右大都尉、左右大当户等）。③ 可以看出，单于以及左右贤王等首领所管辖的范围有一定界限，而左右贤王以下的诸王将，也在相对固定的地方放牧。当然，诸王将以下还有更小的放牧单元，但是通常来说，牧场均为某些固定姓氏部落首领的封地，因此各部落在相应的封地范围内进行放牧活动，部落内的本姓氏族人和奴隶共同利用牧场。从匈奴时代开始，我国蒙古高原上的草场使用边界的规则基本构建起来了，即以分封制为基础的土地所有制和以部落共用为基础的草场使用制度，之后的各草原民族也都大体延续了这种草原制度，虽然不同的时期有所差别，但是匈奴及之后的各个游牧民族基本以此为核心划分草原边界。从历史的角度纵向来看，随着人口的不断增加以及政权体制的不断完善，这种对草原边界的划分越来越清晰和严格，草原划分的面积单位也越来越小。特别是在清政府时期，清王朝在今锡林郭勒盟的南部及乌兰察布市的东部设立了察哈尔游牧八旗，用盟旗制度进一步严格明确游牧边界。④

在藏区，草场的所有权和使用权的历史变迁也与蒙古高原类似，即从不关心草场归属问题的最初状态，发展到部落所有，再到后期的分封土地所有权。《藏族部落制度研究》⑤ 一书中较为详细地描述了藏区土地所有制度的演变过程。在 1 世纪前后，向牧户征税的依据是"吐鲁"⑥，而不是像

---

① 陈晓伟：《"瓯脱"制度新探——论匈奴社会游牧组织与草原分地制》，《史学月刊》2016年第5期。

② 肖爱民：《北方游牧民族两翼制度研究》，博士学位论文，中央民族大学，2004年，第2页。

③ 林幹：《匈奴通史》，人民出版社1986年版，第26页。

④ 王明玖：《内蒙古自治区志·草原志》，内蒙古人民出版社2015年版，第11页。

⑤ 青海省社会科学院藏学研究所：《藏族部落制度研究》，中国藏学出版社2002年版，第148页。

⑥ 吐鲁，藏文译音，有驯服之意，据推测是一个与家畜有关的词。

农户那样依据土地。在广阔的草原上，养活为数不多的牲畜不成问题，因此谁也不会想到在不同部落之间划分界限。据可考证的资料，在6世纪前后，由于部落之间的纷争和摩擦，草场等土地已经划归部落所有，但是部落的迁徙还是频繁发生，因此是一种不太固定、松散的土地所有权，土地的自然占有制继续有效。随着政权统治的加强，自元以来朝廷或者派出机关实施封土司民的政策，各部落首领和地方势力以中央和地方的分封为土地所有的依据。而到了清代，中央政府进一步对部落所辖地界做出了明文规定。在部落的内部，土地为部落共有财产，部落成员共同使用和保护。

二　游牧生产方式

随着岁月的流逝，人类摆脱了采集狩猎的原始生活方式。在我国北方和青藏高原的草原地区，长期的游牧生产创造了灿烂的游牧文化和草原文明。由于游牧生产的流动性，古代文献对远古时代游牧生产方式的记载有限。直到19世纪中期以后，才出现西方学者的游记和草原社会调查，对游牧生产方式进行考察和研究。近年来，我国的一些研究人员，采用访谈方式，采访了大量少数民族牧民，对游牧生产方式进行研究。游牧最主要的特点是四季游动，这是适应草原地区降水不确定性及草场资源异质性最好的方式，同时也降低了畜牧业的生产成本。

（一）划分季节牧场

游牧的魂是"游"，是牧人适应草原环境的生产方式。为了满足牲畜的需要，游牧的第一特征就是四处游动。逐水草而居，寻找肥美牧草，这是长距离的游动；第二特征是划分季节牧场，在季节牧场中也要不断地游动。据蒙古族牧民介绍，在季节牧场内，三四天移动一次羊圈，七八天移动一次蒙古包。这是短距离的游动，这类似于现代划区轮牧方式。游牧实际是长距离游动和短距离游动的结合。从一季牧场转到下一季牧场，我们一般称之为转场。现在，在新疆、内蒙古和西藏等地，我们还能看到转场的放牧景观。牧民一般将游牧场所按四季划分为春牧场、夏牧场、秋牧场和冬牧场，也有的划分为三季牧场（冬春牧场、夏牧场和秋牧场）和两季牧场（夏秋牧场和冬春牧场）。在内蒙古扎鲁特旗、阿鲁科尔沁旗部分牧民就采取三季牧场的游牧形式。每一季牧场，草场面积往往都很大，植被茂盛，水源丰富，牲畜可以轮流采集，不至于破坏草原。每一季节草场的选择是长期放牧实践的结果，具有很强的科学性。春季是牲畜体弱且接春羔的时期，春牧场往往选在向阳开阔、植物萌发早的地方；夏牧场牧草种类要有利于牲畜抓水膘，有湿地和地势高的山冈，牲畜饮水后，可以在山冈上避免蚊虫叮咬；秋牧场要找洼地，那里大都有硝和盐碱植物，有利于牲畜抓油膘。冬牧场一般选在向阳背风、牧草保存良好的草场。

　　新疆草原随山地海拔高度不同而具有分带性，春季利用山地阳坡带的干旱草原即春牧场放牧。再逐步上升，到中部的草甸草原带过渡一段时日。夏季转场高山、亚高山草场，一般海拔在2000—3500米。这里气候凉爽，风光秀丽，水草丰美，是牲畜抓膘增壮的良好场地。夏天一过，天气很快冷下来，高山开始下雪，牲畜向下转移，过渡到秋窝子，牧民把这叫作"秋天雪赶羊"。冬天，再回到平原盆地谷地荒漠草原地带。这里地面没有厚雪覆盖，牲畜能觅食牧草，新疆人亦称之为冬窝子。阿尔泰山的哈萨克族、蒙古族牧民，冬季将部分牲畜留在额尔齐斯河河床沿岸，有的也转移到奇台北塔山背风向阳的沙窝子放牧。另外一些则带着畜群长途跋涉，穿过古尔班通古特沙漠，进入天山北侧奇台阜康冬牧场放牧过冬。转场时，常可见延绵数十千米的畜群和驼队，浩浩荡荡，人欢马啸，场面极为壮观。春天来临，畜群又要赶快北上，在冰雪融化前进入春牧场。这时，又形成"春天羊赶雪"。周而复始，年复一年，从古至今，游牧民族总是这样传统地生存生活。

　　（二）相对固定的游牧路线

　　对于游牧，我们现在了解的是，在气候适宜的情况下，在相对固定的时间从一个牧场转到另一个牧场。但是，如果遇到干旱等不利气候，这种相对固定的转场可能就无法维持了，牧民只能寻找合适的放牧地，或者借用牧草长势良好的牧民牧场放牧。牧民转场的路线，也就是游牧路线是相对稳定的。在西班牙，现在每年举行的"游牧节"已有700多年的历史，游牧节期间，牧羊人和他们的家眷身着民族服装，赶着羊群，穿越大半个西班牙，沿着祖辈的游牧路线，耗时一个多月。羊群甚至穿行于拥挤的马德里街道。形成这种现象的原因与水源有无、草场优劣以及前一年迁移中畜群留下来的粪便都有关系。草原上树木很少，生活在这里的人们一般都将牛粪、马粪等作为燃料，如果在游牧圈内改变了过去的游牧路线，会给他们解决燃料问题造成很大困难。蒙古人的燃料就完全依赖历年游牧路线上遗留下的干燥家畜粪便，占第一位的是牛粪，其次是羊、马、骆驼等的粪便。但对其他地方游牧方式的调查却表明，追寻去年的牛粪并没有成为确定游牧路线的唯一选择，锡林郭勒草原上的牧民更注重牧草和饮水条件，为了寻找令人满意的牧草与饮水条件，牧民并不是有意识地走同一路线。而对于燃料，新鲜的虽不能使用，但几年前的却可以使用，因此也不一定需要每年都走同一条路线。游牧路线是联系营地之间的纽带，牧民驱赶着牲畜循着这些走了一遍又一遍的路线，一次又一次地来到营地，年复一年过着循环往复的游牧生活。新巴尔虎左旗牧民的放牧路线一般为夏天逐水草至海拉尔河、乌尔逊河、辉河、伊敏河以及这些河流之间数量繁多的湿地，冬季则反过来将牲畜由河谷赶向高地。

（三）多畜并存的游牧生产

游牧生产对草原生态的影响是通过牲畜来实现的，人类很少直接影响草原生态，不像农耕社会，人们通过耕耙施肥改良土壤的结构和肥力来增加农作物产量。没有文献记载游牧民族有直接改良草原的方法。不同的牲畜有不同的植物喜好、采食习惯、游牧半径。牧民通过放牧多品种牲畜来充分利用草原资源。早在匈奴时代，就有"其畜之所多则马、牛、羊，其奇畜则橐驼、驴、骡、駃騠、騊駼、驒騱"（《史记·匈奴列传》）。从游牧半径来看，一般羊日行5—6千米，牛7—8千米，马10—15千米，骆驼则可达20—30千米。马的特点是奔跑迅速、马蹄坚硬，在较高的草场或者积雪草场，可以为其他牲畜开辟采食路径；牛偏好采食植株较高大、柔软多汁的阔叶草类，每天需要饮用与消耗大量的水，且不易在崎岖多石的山路长距离迁徙，因此牧户一般将湿润平坦的草场用于放养牛；而山羊和绵羊在潮湿的牧地生长不好，绵羊基本以草本植物为主，如羊草，山羊则是啃食嫩枝叶，因此山羊的采食范围更广，能够适应干旱且以灌木为主的草场，由于羊的游牧半径较小，需要的植被覆盖度相对较高；骆驼耐干旱、风沙和酷暑严寒，能够充分利用其他牲畜不能利用的荒漠草场和无水草场，骆驼采食高大灌木、半灌木和盐碱类植物，还可以利用其他家畜不愿采食的带有刺、毛、强烈气味的和灰分含量高的菊科、藜科植物。从垂直空间来看，骆驼以高大的灌木和半灌木为食，马采食植物上端和草籽部分，牛用舌头卷草，所以这三种牲畜要求草场植被具有一定的高度；山羊、绵羊对草场的采食能力强，牛马采食过的草场还可以继续采食，甚至可以一直吃到草根。因此包括山羊、牛、马的畜群可以充分利用不同高度的植被。绵羊、山羊、牛、马和骆驼所组成的畜群，能够利用空间异质性强的水草资源，同时牲畜可以清理草场中的枯黄植被，促进植被的新陈代谢和籽种传播。

三　游牧的社会组织形式

在王明珂所著的《游牧者的抉择》一书中，概括描述了多种传统"牧团"的放牧方式：新疆东部巴里坤地区传统的哈萨克小社区叫作"阿吾勒"，以一个牧主或者富户为中心，形成一个由3—5户家庭组成的小团体，多者由十来户或者更多家庭组成。在青海南部和川西北的藏区，多户家庭组成的团体称为"日科""措哇"或者"德哇"，意思为"账房圈"，少则5—6户，多则80—100户，账房圈的大小随着水草的情况而变化。在蒙古族的游牧社会中，这种小的社区称为"阿乌尔"（aul）或者"浩特"（hota），一般为2—4户，很少超过6户。这些小的社区通常以亲属为核心，如父母或者兄弟，但又不局限于此，视情况扩大或者缩小。①

关于"阿吾勒"已经有较为丰富的研究，如《哈萨克简史》《哈萨克族社会历史调查》《杨廷瑞"游牧论"文集》、其他人类学者的一系列文章等都有详细论述。在传统哈萨克社会中，阿吾勒是哈萨克族游牧社会经济中最基本和最底层的社会组织或单元。从阿吾勒的社会组成来看，它最初是由血缘纽带联结，即同一个部落或氏族中血缘相近的人们，包括富人和穷人，为了进行有效的互助和共同抵御天灾人祸而建立和形成的，每个阿吾勒都以其中富有的一两户为中心，构成相互依附的血缘、氏族和经济关系。在产权方面，《哈萨克简史》将其描述为牧场共有，牲畜私有，牧户共同从事畜牧业生产，各部落头目对牧场有一定的优先权，他们的牧场一般都水草丰美。在草场和畜牧业的管理方面，哈萨克族按季节游牧时，

①　王明珂：《游牧者的抉择》，广西师范大学出版社2008年版，第40—55页。

一般按阿吾勒来分布和居住，各阿吾勒的牧场是固定的，且均有四季草场。在畜牧业的分工和管理上，杨廷瑞先生《游牧论》里介绍：在阿吾尔（即阿吾勒）内，人和人的经济上的关系是非常密切的。搬家、放牧、割草、种地等差不多都是以"阿吾尔"为单位进行的。因为阿吾尔中富有的人家有较多的牲畜，有牧场、草场、土地和主要农牧用具，阿吾尔内的贫困牧民必须靠富户的牲畜搬家，必须在富户的牧场、草场上放牧和割草，必须在富户的土地上用其工具，必须靠富户的畜乳、畜毛和畜粪维持生活。同时，富户在放牧、割草、搬家、种地及家务中需要很多的劳动力，这些劳动力也必须来自阿吾尔的贫困户。他们这种生产和生活中的依附关系，部分是在雇佣关系的形式下进行，部分是以近亲相助的形式进行。①

在蒙古高原地区，王建革通过史料对内蒙古地区的放牧群体进行了大量的研究，详细阐述了蒙古帝国时期大的放牧群体"古列延"，以及放牧小群体"阿寅勒"的存在形式和放牧特征，他认为传统的游牧社会形态是一个多层次的游牧圈结构，其目的是在生态平衡的基础上，实现草原的最大化利用。②"古列延"以氏族为单位，氏族或者部落首长的营帐在中心，其他营帐依次展开，形成环形的放牧或者驻军形态。"古列延"的草场归氏族公有，每个氏族根据人数多少组成一个或几个古列延来进行集体游牧迁徙、分工合作、集体驻营防卫，必要时集体进攻。③"阿寅勒"是比"古列延"小的社会组织形式，在11—12世纪蒙古氏族社会解体的阶段就确已存在，至13世纪初游牧封建制大蒙古国建立时代替"古列延"占据优势地位，并在之后一直持续存在，甚至在北部蒙古草原地区延续到20世纪中后期，是一种经营游牧经济的基本的组织形式和游牧方式。④与"古列延"不同的是，"阿寅勒"是一片区域内若干个牧户/牧民家庭组成

---

① 陈祥军：《本土知识遭遇发展：游牧生态观与环境行为的变迁——新疆阿勒泰哈萨克社会的人类学考察》，《中南民族大学学报》（人文社会科学版）2015年第6期。

② 王建革：《游牧圈与游牧社会——以满铁资料为主的研究》，《中国经济史研究》2000年第3期。

③ 波·少布：《古列延游牧方式的演变》，《黑龙江民族丛刊》1996年第3期。

④ 阿鲁贵·萨如拉：《蒙古族阿寅勒游牧经济的基本形态特征考察》，《西部蒙古论坛》2016年第2期。

的小型游牧集团，这些牧户家庭或者以亲属血缘为核心，或者以生产合作为中心。在草场产权方面，"阿寅勒"内部的牧户并无清晰界定，他们共同利用草场、组织游牧。而相邻的"阿寅勒"在接羔、剪毛、挤奶等生产活动中实现互助。

上述的研究都表明，这些传统游牧社会组织单位对于放牧草地的利用和保护都形成了一套规则，他们共同转场、共享信息，在畜牧业生产中分工与合作。新中国成立之前的牧区社会经济，虽然也经历了多个朝代的更迭，但是总体上还处于一种较为封闭的状态，畜牧业的生产主要自给自足，少量用于与农区或者其他地区的物质交换。草场产权方面，无论是大的放牧集团"古列延"，还是小的放牧集团"阿吾勒"和"阿寅勒"，草场是放牧集团公有的，以保障能够四季游动。社会组织形式方面，还是以一种"集体"的形式存在，氏族、家庭、地域都可能是这种"集体"产生的基础。在畜牧业生产和草场管理方面，他们会从水和草两方面来考虑放牧。从"水"的方面来说，牧场一般限于沿河流湖泊一带，从"草"的方面来讲，每一块牧场承载的牲畜种类和数量是有限的。为了合理利用草场资源，使牲畜在全年各个不同时期都能获得较好的饲草供应，在传统游牧活动中，一般每年从春季开始进行牲畜转场。转场在气候、植被条件差异较大的地方，一年要进行四次，分为四季草场；而在一些地势平坦，气候、植被条件差异较小的地方，一年进行两次，即冬春草场和夏秋草场，也称为冷季草场和暖季草场。四季草场以夏、冬季草场为主，而春、秋季草场利用时间较短。两季草场的冷季草场利用时间也长于暖季草场的利用时间。这些具体的时间都是在历史积累和传承的过程中沿袭下来的。由于游牧的生产方式需要大量的劳动力来支持转场，所以传统牧民的放牧生产都是以一定规模的"集体"为单位进行自主管理。

四　游牧时期草原管理的特点

传统的游牧生产在草原地区存续了数千年，支撑这种生产方式的是一套制度、规则的组合。首先，在土地制度上，土地的产权在历史的长河中越来越清晰和细化，但是部落共用的使用制度一直保留；其次，以"移动"为主要特点的游牧是草原畜牧的基本形态，四季草场需要大范围的草场空间，畜群在不同季节的草场之间移动，并且保持着五畜并存的牲畜结构；再次，季节间的移动和五畜并存的牲畜结构由多个家庭共同管理，"牧团"是游牧地区的基本社会组织。在草原管理方面，可以说国家并不存在一套严格的草原管理规则，仅是从政权和军事的角度存在封地的划分，明确了草场的所有权。草原的实际利用发生在"牧团"层面，几个家庭组成的牧团组织游牧，牧户的生活与这种生产方式融为一体，以口口相传的地方性知识和实践经验作为草场管理的依据。

第二节　改革时期及人民公社时期
——国家角色的介入（1949 年至 20 世纪 80 年代）

在新中国成立初期，全国都经历了一段过渡时期，即土地改革运动和合作化运动，土地、牲畜等生产资料在此期间被重新分配和赋权，直到1958 年，牧区才进入了长达 20 余年的人民公社制度时期。从草原管理的角度，相对稳定的政策环境更具有研究的借鉴意义，因此本节我们着重分析人民公社时期的管理制度及草原利用方式。

一　草原产权及使用边界

1947 年 10 月，根据《中国土地法大纲》的精神和党在农村土地改革中的总政策，确定了内蒙古境内一切土地归蒙古民族所公有，废除封建的土地与牧场所有制，废除封建特权和奴隶制度，在牧区实行"牧场公有，放牧自由"[①]。对于内蒙古自治区，这是草原产权经历的一个短暂特殊时期，其他五大牧区并没有这个阶段。具体的土地制度方面，牧区主要废除了王公贵族和寺庙对于土地的占有制，实行"牧场公有，自由放牧""不斗不分，不划阶级"的政策，实际上是民族或者部落共有共用的所有制和使用制度。1954 年我国宪法出台，草原被认定为自然资源而划归国家所有，即属于全民所有的资产范畴。1958 年建立人民公社之后，按照宪法规定，草场归国家所有，实际的草场使用边界却由当时的社会组织生产结构

---

① 王明玖：《内蒙古自治区志·草原志》，内蒙古人民出版社 2015 年版，第 12 页。

而定。人民公社、生产大队、生产小队是草场利用的单位层级，[①] 在草场的利用方面，通常以嘎查（对应生产大队）为基础，嘎查之间的草场边界是清晰的，四季草场的划分以及利用规则也在嘎查内明确。嘎查之间跨越边界的现象也是存在的，但是一般是在灾害年份，由公社或者盟旗政府统一协调而进行的避灾移动。可以看出，相比清朝政府的盟旗草场划分制度，人民公社时期的草场边界又进一步缩小和明确。

二　草原畜牧业生产方式

在这一时期，草原地区被作为为全国人民提供肉、奶，为毛纺、皮革等行业提供工业原料的畜牧业生产基地，在一些特殊时期，草原也被作为潜在的粮食生产基地。新中国成立之后，国民经济开始恢复，草原地区的经济生产功能受到前所未有的重视。在 1958 年建立人民公社以后，政府对畜牧业生产进行直接控制。在当时的政府话语体系中，传统游牧被认为是粗放的，落后的，需要加以改造的。政府以增加牲畜数量和畜产品产量为发展的目标，大力推动游牧民定居，鼓励打井、建设棚圈，种植人工饲草料，以抵抗气候变化和自然灾害，提高畜牧业的稳定性；鼓励增加牲畜数量，提高出栏率，进行家畜品种改良，以增加畜产品产出。[②] 在这个时期，草原畜牧业开始改变传统的游牧生产方式，转为按照集体计划的四季草场进行季节性移动放牧，并且牧民逐渐定居，在畜群品种方面也开始了大规模的改良。

（一）季节性游牧与定居式放牧

大集体（也就是人民公社）时期，牲畜就分开放了，有冬场、夏场。大集体时期有畜群管理，发展比较好，比公社之前要好，一群牲畜两个草场，管理很好，游牧的文化还在。那个年代分人民公社、大队、小队，公社的社长不说话，就不能卖牲畜。人民公社有一个弊

---

① 生产小队一级一般存在于半农半牧区，而在纯牧区基本上只有两级管理，人民公社和生产大队。

② 王建革：《定居游牧、草原景观与东蒙社会政治的构建（1950—1980）》，《南开学报》2006 年第 5 期。

端，1958—1959 年从外面弄了好多的人来种地，有点水的地方都开垦了，水没有了、劳动力也浪费了。

——阿拉善左旗老畜牧局局长（2008 年作者访谈）

1948 年，内蒙古自治政府把"改善放牧制度"作为游牧区的一项重要政策。1951 年，"定居游牧，人畜两旺"成为一项正式政策在内蒙古自治区出台，自此以后，牧区延续几千年的"逐水草而居"的生活方式开始发生改变。这个时期的定居移牧针对两个主体，对于牧民来说，尽量能够实现更加稳定的生活，不必随牲畜四处迁徙，居无定所；对于牲畜来说，移动是必要的，这是牲畜"旺"的基本条件。因此，尽管人口不断定居，但是分季节的移动放牧是严格执行的。各地牧区都结合当地条件，划定春夏秋冬四季牧场，实行季节性的牲畜移动。比如在草甸草原区以四季放牧为主，典型草原是冬春、夏、秋三季移动，荒漠草原区则以冬春、夏秋两季移动放牧为主。统计数据显示，1962 年，内蒙古自治区定居游牧的户数已经占到总户数的 79%。在 20 世纪 60 年代中期，蒙古高原地区延续了数千年的游牧生产方式，几乎已经被定居游牧全部取代。需要说明的是，人民公社时期的定居与现在单户牧户的定居不同，定居点是集中的、位置是大队精心挑选的，在此处不再是随时拆卸的蒙古包，而是建造了固定的住房，并集中提供公共服务。

表 1-1　　　　　　　内蒙古自治区对于定居游牧的相关政策

年份	有关季节性游牧和定居的表述	来源
1948	"改善放牧制度"	自治政府
1951	"定居游牧，人畜两旺"	自治区人民政府
1953	定居游牧确实是改变牧区面貌，使牧区达到人畜两旺的一种有效的放牧形式	中共中央蒙绥分局第一次牧区工作会议
1956	在游牧区应该逐步做到定居移场放牧，在牧场狭窄的地区应该做到定居划区轮牧	自治区第三次牧区工作会议
1958	"推行定居"和"划定牧场，移场放牧"	自治区党委

年份	有关季节性游牧和定居的表述	来源
1959	充分利用自然草原，合理利用牧场，划分四季草场及打草场，逐步实现划区轮牧	自治区党委第八次牧区工作会议
1972	游牧地区要积极推广定居游牧，不定居就不能树立长远建设思想	全区草原建设现场会议

资料来源：《内蒙古自治区志·畜牧志》，内蒙古人民出版社1999年版。

（二）多畜并存与分群放牧

在人民公社时期，依旧延续了五畜并存的品种结构，牲畜管理是专业化、规模化的，从畜群规模、放牧时间、选种配种、接羔等各个方面都有明确的规定。在1959年，内蒙古自治区党委第八次牧区工作会议讨论通过了《关于牧区人民公社畜群管理的意见》，对畜群管理的多个方面进行规定。比如，如表1-2所示，在牲畜规模方面，根据草场情况将全区的草场分为三类，每一类的牛、马、羊、骆驼的畜群规模是不同的。通常在一个生产小队中，五种牲畜的畜群是同时存在的，由专门的人负责畜群的管理，还有小部分生产小队只管理某一种牲畜。牛倌、马倌、羊倌等需要跟群放牧，做到"人不离畜，畜不离群"。

表1-2　　　　　　　　**人民公社时期内蒙古自治区畜群规模**

草场类型	地区	畜群规模
一类	呼伦贝尔和锡林郭勒盟东部	母羊群700—900只、杂种母羊群400—500只、苏白羊群1000只左右、母牛群100头左右、苏白牛群150头左右、马群300匹左右、骆驼群60—80峰
二类	锡林郭勒盟西南部，乌兰察布，巴彦淖尔盟乌拉特中后联合旗半定居和定居牧区	母羊群400—500只、杂种母羊群300—400只、苏白羊群600—700只、母牛群60—70头、苏白牛群100头左右、马群300匹左右、骆驼群80峰
三类	伊克昭盟、巴彦淖尔盟牧区	母羊群300—400只、杂种母羊群200—300只、苏白羊群400—500只、母牛群50—60头、苏白牛群80—100头、马群200—300匹、骆驼群80—90峰

（三）增强畜牧业生产稳定性

这一时期与传统游牧生产时相比，另一个巨大的变化是开始了草原的人工建设，包括打井、种植饲草料地、建立草库伦等，以改变"靠天养牧"的状态，增强畜牧业的抗灾能力，稳定畜牧业生产。1948 年，呼伦贝尔盟规定，每头牲畜要打草 800 千克，从此改变了纯牧区不打草的习惯。1953 年底，中共中央蒙绥分局召开的第一次牧区工作会议上提出了"定居游牧区可试行农牧结合""提倡种植牧草""增加棚圈建设""提倡分片轮牧"等管理和技术措施。1952 年，敖汉旗开始推广青储饲料和人工牧草。1957 年，锡林郭勒盟建立了第一个机械供水站，保障饲料地和牲畜饮水的水源供应。1958—1963 年，自治区在草原打井 28000 多眼，3 万多平方千米无水草场有了水，并建立了多处饲草料地。

三　人民公社时期的社会组织形式

在这个阶段，传统以部落为基础的放牧群体被替代，取而代之的是国家统一规划和管理的集体经营的放牧系统，由人民公社、生产大队、生产小队分级管理，在此阶段，家庭的功能也较为弱化。以内蒙古自治区为例，截止到人民公社解体前夕的 1983 年末，人民公社总数达到 419 个、生产大队 2618 个、生产队 6502 个，这是一个机构庞大的政社合一的集体组织，集体经营涉及的牲畜占全区牲畜的 90% 以上，社员占全区牧户的98%。[1] 从社会形态上看，牧区的这种变化是巨大的，脱离了原有以家庭或者近亲为核心的社会结构，在原有嘎查人口的基础上变为具有明确分工的生产队模式，如放牧、副业、农业、管理岗位等都有明确分工。牧民是人民公社的社员，人民公社的任务、管理规则、劳动报酬、收益分配等由更高一级的政府或者国家规定，这时的社会组织类似一个严密的行政机器。人民公社时期，畜群管理通常分为两个类型，一个是国营牧场，主要饲养一些特定的或者改良的牲畜品种，另外一个是由生产队管理的畜群。与农村的管理有所不同，人民公社时期的牧区牲畜及草原管理没有受到农

---

① 韩柱：《人民公社时期内蒙古自治区牧区畜牧业经营管理评价及其启示》，《农业考古》2014 年第 4 期。

区那么多的诟病，反而很多学者或者牧民认为这一时期有诸多可供借鉴之处，尤其是这种社会组织形态对草原管理和畜牧业发展有一定的贡献。首先，以生产队为单位的草场利用方式使不同草场类型都能够得到有效利用，并保障了牲畜的移动，减少了牲畜对草场的踩踏；其次，相比单户经营，牲畜的分群管理实现了畜牧业的规模化生产，提高了畜牧业的生产效率；再次，生产队内分工明确，如打草、种地、放牧、副业等由不同的社员负责，不必每户家庭都是全能的生产单位，共用机械、水源、打草场也减少了单户家庭的支出；最后，在抵抗自然灾害方面，往往需要更加大范围的移动，而牧区人民公社在协调长距离的草场使用方面具有优势。我们调研了 1963 年锡林郭勒盟旱灾的情况，老牧民表示当时政府的安排非常有效。

> 1962 年不下雪，1963 年春天无雨水，3 月 17 号有沙尘暴，人畜又丢又死，牲畜在外有的被吹散没有回来，出现白天点灯的情况，苏尼特草场受到重大灾害。那时旗政府采取了紧急措施，积极安排组织了大走场的活动，旗集体的领导人为主导，把大走场的路线、水源、要去大队的地理位置、草场的四季营盘都已经规划好了。全旗 49 个大队中 34 个大队到阿巴嘎、锡林浩特市、东西乌这些地方走场，跨过了 1964 年。1965—1968 年陆续回到了自己的草场。这 34 个大队全部牲畜的 80% 走了草场，几乎有 2 个月的时间在路上，路过别的大队的时候很多牧民接待我们，帮助寻找丢失的牲畜，雨大的话给我们牛粪。1963—1966 年大走场很成功，当时大集体的领导也好，组织有效。
>
> ——锡林郭勒盟苏尼特左旗白音塔拉嘎查老书记（2018 年作者访谈）

四 人民公社时期的草原管理特点

可见，在人民公社时期，草原管理方式发生了很大的变化。草原牧区的畜牧业生产也被加入全国的经济计划之中，草原的经济功能受到重视，畜产品生产是当时的主要任务。草场产权方面，根据当时宪法规定，草原属于纯自然资源，归国家所有。在畜牧业生产和草原管理方面，传统靠天养牧和居无定所的生产生活方式有所改变，定居游牧成为主要形式，依旧是五畜并存的饲养结构，但是对牲畜的管理分工更加明确和专业，同时种草、打井、增加草库伦等提高畜牧业稳定性的措施增多。在社会组织形态方面，传统的以血缘为纽带的部落形式被人民公社取代，三级的行政管理体系成为基本的组织形式，这种组织把牧区草场、牲畜、劳动力和生产资料聚集起来，大幅度降低了生产成本。[①] 相比传统的游牧方式，草场管理的尺度进一步明确和缩小，但绝大部分地区依旧延续四季游牧的放牧方式。

第三节　家庭承包时期
——以单户家庭为主的管理模式（20 世纪 80 年代至今）

草场使用权的私有化体制起源于农区的家庭联产承包责任制，政府希望牧区能与农区一样通过明确个体权利和责任，在激发牧民生产积极性的同时达到保护草原的目的。[②] 在草原地区发展的历史长河中，没有哪个草原管理政策像草畜双承包、草场承包这样深刻影响草原牧区的社会结构和生态景观。草场经营权承包让草原上的牧民第一次享有了法律上的私人使用权，"围栏"也成为象征这一权利的标志，同时让户与户之间的物理边界清晰。草原畜牧业的生产方式发生巨大变化，四季移动的特征逐渐消失，牲畜结构单一（大畜减少、小畜增加），畜牧业生产的机械化程度大幅提高。社会组织形式也发生了极大的变化，单户家庭成为经营主体，牧户之间的协作和交流减少。

一　家庭承包时期的草场产权

20 世纪 80 年代初期，人民公社解体，牲畜被承包到户，牲畜产品不再通过国家征购，而是通过市场进行交换，市场经济开始进入牧民的生产

---

① 韩柱：《人民公社时期内蒙古自治区牧区畜牧业经营管理评价及其启示》，《农业考古》2014 年第 4 期。

② Jun Li, Wen, Saleem H. Ali, and Qian Zhang, "Property Rights and Grassland Degradation: A Study of the Xilingol Pasture, Inner Mongolia, China", *Journal of Environmental Management*, Vol. 85, No. 2, 2007.

活动中。1985 年以后，畜产品市场逐渐放开，允许生产队或社员在交够了计划配额的基础上，自由买卖牲畜。市场体制的改革促使牧民的市场参与程度逐渐提高，牧民越来越多地为市场而生产，牲畜数量有较为显著的增加，尤其是 20 世纪 80 年代后期开始的羊毛羊绒价格急剧上涨，进一步刺激了牧民扩大畜群规模。在市场和牲畜私有化的双重作用下，北方草原的载畜量迅速上升，在我们的田野调查中，从 80 年代初的十几头牲畜发展到 90 年代数百头牲畜的牧户处处可见，草原的生态也在这一阶段出现了加速破坏的现象。牲畜是私人所有，而草场是牧民共用，这形成了典型的"公地悲剧"，为了遏制牧民对公共牧场的滥用，从 20 世纪 80 年代中后期开始，全国西北地区的六大牧区全面实施草场承包到户制度。

《农村土地承包法》规定：国家实行农村土地承包经营制度。农村土地是指农民集体所有和国家所有由农民集体使用的耕地、林地、草地。草地的承包期为三十年至五十年。根据《草原法》的规定，"草原属于国家所有，即全民所有，由法律规定属于集体所有的草原除外"，"集体所有的草原或者依法确定给集体经济组织使用的国家所有的草原，可以由本集体经济组织内的家庭或者联户承包经营。草原承包经营权受法律保护，可以按照自愿、有偿的原则依法转让"。具体到我国的几大牧区，除内蒙古的草场属于集体所有之外，其他牧区的草场均属于国家所有。1996 年到 1998 年，根据《内蒙古自治区进一步落实完善草原"双权一制"的规定》，内蒙古牧区落实了草牧场所有权（到嘎查）、使用权（到户）和承包责任制，把草牧场使用权彻底承包到户，到 2005 年内蒙古牧区"双权一制"工作基本完成。其他地区的草场使用权承包到户的工作仍然在推行的过程中，进展较内蒙古慢一些。在草场承包的过程中，政府通过补贴，鼓励牧民用围栏将承包的草场围起来，建立起以家庭为单位的畜牧业生产体系，尤其是 1998 年第二轮草场承包之后，架设围栏成为内蒙古草原地区的普遍现象。至 2016 年，全国累计落实草原承包面积 2.91 亿公顷，约占全国草原总面积的 74.11%。其中，承包到户 2.32 亿公顷，承包到联户 5404.6 万公顷。[1]

---

① 农业部（现农业农村部）：《全国草原监测报告》（2016），2016 年。

表 1-3　　　　　　　　　中央有关文件对草原承包的规定

年份	文件	规定
1983	《中共中央关于当前农村经济政策的若干问题的通知》（中发〔1983〕1 号）	林业、牧业、渔业，都要抓紧建立联产承包责任制
1984	《中共中央关于一九八四年农村工作的通知》（中发〔1984〕1 号）	牧区在落实畜群责任制的同时，应确定草场使用权，实行草场使用管理责任制
2008	《中共中央国务院关于切实加强农业基础建设进一步促进农业发展农民增收的若干意见》（中发〔2008〕1 号）	稳步推进草原家庭承包经营
2009	《中共中央国务院关于2009年促进农业稳定发展农民持续增收的若干意见》（中发〔2009〕1 号）	加快落实草原承包经营制度
2010	《中共中央国务院关于加大统筹城乡发展力度进一步夯实农业农村发展基础的若干意见》（中发〔2010〕1 号）	按照权属明确、管理规范、承包到户的要求，继续推进草原基本经营制度改革
2010	党的十七届五中全会通过的《中共中央关于制定国民经济和社会发展第十二个五年规划的建议》	深化农村综合改革，完善草原承包经营制度
2012	《中共中央国务院关于加快推进农业科技创新持续增强农产品供给保障能力的若干意见》（中发〔2012〕1 号）	稳定和完善农村土地政策。……加快推进牧区草原承包工作

二　家庭承包后的草原畜牧业生产方式

（一）以家庭为主要经营单位

草畜双承包之后，畜牧业的经营方式主要有三种，即单户家庭经营、联户经营和合作社经营，其中以单户家庭经营为主。在草场的所有权和使用权确定之后，尤其随着围栏的建设，草场的使用边界逐渐清晰，牧户家庭有了独立的使用空间，形成了单户家庭的经营方式。有些地方的草场仍然是边界模糊的，比如一些人口众多，而户均草场面积又很小的家庭，会选择小家庭之间不再细分，保持联户使用。合作社的经营方式目前还处于一个摸索和发展的阶段，合作社成员在草场整合、劳动、畜产品加工和销售等方面进行合作。三种经营方式虽然同时存在，但是从数量上看，家庭成为草原畜牧业的主要生产经营单位。在拥有了自己的草场之后，牧民建造了自己的住房，修建了棚圈，打了水井，购买了机械设备……牧户之间不再需要太多的合作，家庭成为独立的生产者，而围栏内的草场成为牧民自己的领地。

（二）定居定牧和"移草放牧"

草场承包之后，牧民的定居方式较人民公社时期发生了变化，牧民的放牧地点固定在自己的草场上，房子也建在自己的草场之中，并且定居点的数量随着小家庭的建立而越来越多。西苏旗的一个老嘎查长说："我有三个孩子，不到两万亩草场，以前有一个房子，他们成家了就在自己分的草场上建房子，现在变成了四个房子。"这在内蒙古草原是普遍现象，草场不断被细分的同时定居点也在逐渐增加，每户家庭增加的不仅是住房，还有棚圈、储草棚、洗羊池等。

人民公社时期，牧民定居后仍然保持着四季游牧的方式，并且大队负责规定路线并强制执行，但是承包到户之后，家家户户的围栏使得游动非常困难，牧户也只能选择一年四季在自己的草场中放牧。与此同时，四季游动被视为落后的生产方式，比如由于缺少基础设施牲畜会在冬季掉膘，自然灾害中牲畜会大量死亡等，因此需要通过建设基础设施、买草买料等改变这种情况。这时候，"游牧"变成了"游草"，人不再跟随牲畜到处寻找合适的牧草，而是人把各地能够饲养牲畜的草料买来，放在棚圈里面饲喂牲畜。在锡林郭勒盟，根据我们的调查，正常年份牧户舍饲喂养的时间在4个月左右，而干旱年份要长达8个月，因此入秋之后牧户就要开始为牲畜准备过冬的草料，在产草量较高的东乌旗、西乌旗和锡林浩特周边，牧户把自家草场上的草打下来，备足过冬的草并把多余的草卖给西部不能打草的牧户。西部的牧民，则需要准备大量的资金购买草料，一只羊过冬需要每天2斤左右草、2—3两料（通常是玉米粒），因此一个有300只羊的牧户家庭，往往要购买上百吨草和上千斤料。根据2018年的调查，锡林郭勒盟牧户的生产成本有80%以上是草料支出，保守估计草料支出占到畜牧业总收入的一半以上。可见，移动放牧到移草放牧的转变改变了草原畜牧业生产的传统形态，成为一种新的模式。

在牲畜私有化之后，草原的生产功能被大大强化，提高草原的经济产出成为重要的管理目标，草原牲畜结构也因此向着单一化的方向改变。农牧民开始大量增加牲畜数量和出栏量，牧民的习俗是两年以上的羊才出栏，但是为了缩短出栏周期，改为出售当年的羔羊。同时，牧民不再饲养"五畜"①，因为牛、马、骆驼的饲养周期较长，且市场需求相对较小，因此羊在牧民饲养的牧畜中占很大比例。20 世纪 90 年代，山羊绒的价格一路走高，牧民转而大量饲养山羊，在 2000 年后的生态治理中，因为国家的严格限制，山羊数量才断崖式减少，绵羊又成为主要牲畜。

三　草场承包时期的社会组织形式

草场承包之后，牧区社会组织形势由社区、集体转变为家庭，牧民之间的互助减少而纠纷增加，牧户间的分工合作变为牧户的独立经营。无论是传统游牧时期的部落，还是人民公社时期的生产大队，牧区的社会组织形式都是集体性质的，牧户之间以互助和合作为主。而在家庭承包制后，集体组织迅速瓦解，竞争、冲突取代了合作、互助。牧户之间的纠纷最多的就是草场的边界问题。牲畜不像农作物，它们可以流动，因此跨越边界到他人草场上的事情就难以避免，牧户间因此产生的矛盾和纠纷频繁出现，互助也减少了，甚至很多相邻牧户不相往来。在集体放牧的社会组织中，牧户之间是有分工的，羊倌、马倌、牛倌、打草、机械、其他劳动等都由专门人员负责，分工合作是畜牧业生产的重要内容。在草场承包之后，单独的牧户家庭开始操持各种事情，一个牧户既要当羊倌、马倌、牛倌，也要会打草、喂料、开车、操作机械、接羔、饮羊、清圈，每个家庭基本都要有农用车、打草机、摩托车、抽水机等，牧民形象地形容自己"每天从一个方向盘到另外一个方向盘"。在牧区的调研发现，单户家庭经营的劳动量是巨大的，不少牧民反映，胳膊由于常年的体力劳动而弯曲困难。

四　草场承包时期的草原管理特点及效果

草场承包之后，草场的所有权和使用权进一步明晰和细化，家庭牧户

---

① 不饲养五畜的另一个原因是单户家庭的草场面积太小，不适合游动半径大的大畜。

的草场使用边界在法律、技术和实践中都非常明确①，家庭牧户成为草原管理的主体。在这一时期，草原畜牧业的生产方式发生了巨大的改变，家庭成为主要生产单元，定居定牧改变了"逐水草而居"的传统，草原被分割成一个个小牧场，游动的不再是牲畜，而是可以通过牧民购买到各家各户的草料。草原的利用管理完全由牧户自己决定，而不再需要集体层面的规划和安排。牧户之间的互助和分工合作，被纠纷和全能的单户所取代。

草场生态急剧恶化的时间，正是草畜双承包之后的二十年左右。草场承包到户后，牲畜对草场的践踏增加，成为草原破坏的主要原因。在游牧方式下，牲畜吃完一片牧草后，转迁到另一片草场，有利于草场休养恢复；草场承包到户后，每户草场多则数千亩，少则几百亩，且承包到户后牧民的牲畜越来越多，草场过度采食导致植被难以恢复，草场退化、沙化。游牧民族培育"五畜"：牛、山羊、绵羊、马、骆驼，它们全是有蹄类动物。在游牧生产方式中，牲畜践踏对草场的破坏是有限的，而承包到户后，同一片草场上不仅牧草的嫩叶被吃光，有蹄牲畜反复践踏甚至将牧草的根都破坏了。草原上不同品种牧草的再生能力不同，数量比例也不同，过度采食和践踏对那些再生能力差的牧草会造成毁灭性破坏，使草原上不同的牧草比例和结构发生变化，出现了牧草结构单一化趋势。

牧区经济组织由社区、集体转变为家庭，家庭生产是规模有限的小生产，难以抵御自然灾害。草场承包后，由于各家草场面积小，受灾时牲畜无处放牧，只能购买草料并大量出栏，造成经营成本上升且基础母畜数量大减，灾后恢复牲畜规模需要很多年。承包到户前，游牧方式保证了草场的合理利用和及时恢复，牧草高能没膝，遇到白灾，露出雪面的部分仍能为牲畜采食；承包到户后，草场退化，草高仅没马蹄，白灾造成牲畜断草的范围扩大，程度加深。除了草场的灾害，牲畜本身也会出现各种疫情造成牲畜死亡或被处理，而畜群规模的恢复是需要大量成本和很长时间的，家庭小生产显然难以承担这些成本，因自然灾害致贫的牧户数量与草场承包前相比，不但没有减少，反而增加了。

---

① 在内蒙古牧区，单户有围栏的情况十分普遍，但是在藏区和新疆，虽然草场承包到户，但是大多数地区并没有每家每户都设围栏。因此，本书这里提到草场使用单元的破碎化问题，主要针对内蒙古牧区。

家庭生产会导致经营成本增加，并且也抵御不了市场风险。草场承包后，一切经营成本都由牧户家庭承担。草场围栏、房屋建造、打井饮水、修建棚圈，都需要牧户自己支出。随着市场价格上升，这些投资越来越大，小规模经营又使这些投资不能充分发挥作用，也不能及时回收资金，造成一些牧民因投资过大而陷入贫困。每户草场和牲畜达不到经济规模，造成的基础设施和人力资源浪费也是惊人的。虽然畜产品商品率很高，牧民越来越多地进入市场，但是以家庭为单位的经济组织又很难适应市场风险。游牧民族与农耕民族相比，主要活动是与自然打交道，经济活动能力和观念不容易适应市场竞争和市场风险，经营管理水平的差异导致牧民出现了贫富分化。

第四节　我国草原生态治理的实践及成效
——"国家 + 牧户"的管理模式（2000 年之后）

虽然草场承包到户赋予了牧户权利，但是草场生态却在这一阶段急剧恶化，国家不得不强势介入，成为草原生态保护的主体，形成了"国家 + 牧户"的草场生态治理模式。进入 2000 年之后，国家实施了大规模的生态建设工程，其中包括防护林体系建设、水土流失治理、荒漠化防治、退耕还林还草、天然林保护、退牧还草、"三江源"生态保护工程等，累计投入资金已达数千亿元之多。2000 年由国家林业局牵头启动了"环京津风沙源治理"项目，截至 2010 年累计投入资金 44 亿元，开展北京、河北、天津、山西、内蒙古地区的"舍饲禁牧"与草原治理。[①] 2002 年国务院发布了新中国成立以来第一个针对草原工作的政策性文件《国务院关于加强草原保护与建设的若干意见》，把草原生态保护工作提到了经济社会发展的突出位置，该意见提出要在草原建立禁牧、休牧、轮牧区，要逐步改变依赖天然草原放牧的生产方式，大力推行舍饲圈养方式，积极建设高产人工草地和饲草饲料基地，增加饲草饲料产量，并且"国家对实行舍饲圈养给予粮食和资金补助"。同年国家修改了《草原法》，明确了国家对禁牧、

---

① 农业部（现农业农村部）：《全国草原监测报告》（2011），2011 年。

休牧、舍饲圈养、已开垦草原退耕还草等给予资金、粮食和草种方面的补贴。2003 年，国务院西部地区开发领导小组第三次全体会议决定试点启动"退牧还草"工程，在《国务院西部开发办、国家计委、农业部、财政部、国家粮食局关于下达 2003 年退牧还草任务的通知》中提出，"国家对退牧还草给予必要的草原围栏建设资金补助和饲料粮补助"。根据农业部材料显示，截至 2010 年，退牧还草工程中央累计投入基本建设资金 136 亿元，安排草原围栏建设任务 7.78 亿亩，同时对项目区实施围栏封育的牧民给予饲料粮补贴，工程涉及 174 个县（旗、团场）、90 多万农牧户、450 多万名农牧民。2011 年国务院决定建立"草原生态保护补助奖励机制"，由财政部和农业部制定了《2011 年草原生态保护补助奖励机制政策实施指导意见》，中央财政每年将投入 134 亿元用于草原禁牧、草畜平衡、生产性补贴、牧民就业转移等生态保护措施的补助奖励。在此基础上，2012 年国家又将奖补机制实施范围扩大到黑龙江、吉林、辽宁、河北、山西 5 省，全国 13 个省区的 578 个县、68 个兵团团场和 11 个农垦牧场的草原实施禁牧封育和草畜平衡管理。尤其在草场退化严重的地区，如内蒙古西部、新疆北部等，以"禁牧休牧"、草畜平衡为主要手段的生态补偿政策已经成为我国草原生态治理最主要的途径。

国家重大生态治理工程项目[1]

京津风沙源治理工程于 2000 年全面启动实施，工程通过采取多种生物措施和工程措施，遏制京津及周边地区土地沙化的扩展趋势。"十二五"期间，累计投入中央资金约 17 亿元。2016 年，中央投入草原建设资金 5.03 亿元，在北京、河北、山西、内蒙古、陕西 5 省（区、市）共安排京津风沙源草原治理任务 20.12 万公顷，其中人工种草 2.87 万公顷、飞播牧草 1.41 万公顷、围栏封育 15.8 万公顷、建设草种基地 0.04 万公顷；建设牲畜舍饲棚圈 187 万平方米；建设青贮窖 55.31 万立方米、贮草棚 29 万平方米。

退牧还草工程从 2003 年开始实施，到 2016 年中央累计投入资金

---

[1]　资料来源：《全国草原监测报告》（2006—2016），作者整理。

255.7亿元。其中"十二五"期间，中央每年投入资金20亿元。2016年，退牧还草工程中央投资20亿元，实施范围包括内蒙古、辽宁、吉林、黑龙江、陕西、宁夏、新疆（含建设兵团）、甘肃、四川、云南、贵州、青海、西藏13个省（区），安排草原围栏建设任务228.5万公顷、退化草原补播改良17.3万公顷、人工饲草地建设6.9万公顷、岩溶地区草地治理4.9万公顷，已垦草原治理、黑土滩治理、毒害草治理1.5万公顷，舍饲棚圈建设7.1万平方米。

西南岩溶地区草地治理试点工程于2006年开始实施。"十二五"期间，累计投入中央资金约4亿元，共安排治理石漠化草地29.3万公顷。2016年，中央投入资金1.2亿元在云南、贵州继续实施该试点工程，共安排石漠化草地治理任务5万公顷。

草原生态保护补助奖励政策。财政部和农业部自2011年起，在13个主要草原牧区省份组织实施草原生态保护补助奖励政策，推行禁牧休牧和草畜平衡等制度措施，调动了广大牧民群众保护草原的积极性和主动性；2016年启动实施了新一轮补奖政策，实施范围进一步扩大，内容进一步优化。截至目前，中央财政草原补奖资金投入超过1200亿元，实施草原禁牧面积12亿亩、草畜平衡面积26亿亩。发展改革委、国土资源部、农业部、林业局等部门组织实施了新一轮退耕还林还草、退牧还草、京津风沙源治理、农牧交错带已垦草原治理、岩溶地区石漠化草地治理等五大工程，重点治理陡坡耕地、退化沙化草原、已垦撂荒草地和石漠化草地。党的十八大以来，安排中央预算内投资270多亿元，完成草原治理任务超过10亿亩。

国家角色的重新回归，使得草原的管理体系形成以"国家＋牧户"为主的二元结构，国家负责制定宏观层面的政策，而牧户在实际操作层面执行，这是我国目前的草原生态治理模式。本书着重关注草原生态补奖政策，是因为补奖政策不仅是目前我国实施的覆盖范围最大、资金投入最多的草原生态治理政策，而且是以往草原政策（如草原承包制度、休牧禁牧、草畜平衡等）的延续和加强。比如，草场补奖资金到户的前提是草场承包到户，只有确定草场的面积、类型和草场承包证的主人，才能够将补奖资金发到牧民的一卡通内，政策才算落实到位。再者，补奖的标准是根据禁牧、休牧、草畜平衡来确定的，因此继续落实 2000 年以来的草原生态治理措施，是牧民获得补奖资金的前提条件。可以说，当前实施的草原生态补奖政策是以往草原生态治理措施的一个集合，也是国家治理草原问题思路的一个集中体现。

第二章　我国草原生态补偿政策的研究现状

第一节　研究背景

近半个世纪以来，随着全球经济的迅速发展，各类生态系统受到了严重的损害。根据《千年生态系统评估报告》的数据，在人类活动的影响下生态系统有 60% 正处于不断退化的状态，地球上近 2/3 的自然资源已经消耗殆尽。草地、森林、农田、河流和湖泊等人类赖以生存的生态系统均受到破坏，生物多样性明显下降，温室气体也在全球尺度上产生越来越广泛的影响。[①] 随着国际社会对生态系统保护的重视，经济手段成为解决生态与社会两个系统之间矛盾的重要途径。生态补偿正是在此背景下产生的，由于其在生态保护和减贫两个方面的双重作用，在近十几年的时间内被迅速用于全球范围，尤其是贫困地区的生态保护实践之中。同样在我国，生态补偿在最近十年内受到了持续关注，自 2005 年以来，国务院每年都将生态补偿机制建设列为年度工作要点，并于 2010 年将研究制定生态补偿条例列入立法计划，并在森林、草原、流域、湿地等领域作为生态治理的主要手段。中央财政安排的生态补偿资金总额从 2001 年的 23 亿元增加到 2012 年的约 780 亿元，累计约 2500 亿元。[②] 以 2012 年为例，草原生态补偿金额占到了中央财政生态补偿金额的 19.2%，成为补偿力度仅次于重点

[①]　Millennium Ecosystem Assessment（MA），*Ecosystems and Human Well - being*：*The Assessment Series*，Washington，DC：Island Press，2005.

[②]　徐绍史：《国务院关于生态补偿机制建设工作情况的报告》，2013 年 4 月，中国人大网，http：//www. npc. gov. cn/zgrdw/npc/zxbg/gwygystbcjzjsgzqkdbg/node_ 21194. htm。

生态功能区的领域。一直以来，牧民是草场利用和管理的主体，生态补偿政策作为一种外部的经济干预手段，能否解决目前"人—草—畜"系统中存在的问题？目前的生态补偿政策又对干旱区草原的社会生态系统产生了怎样的影响？

一 中国草场生态退化

我国拥有各类天然草原近 4 亿公顷，约占陆地国土面积的 2/5，草原是我国面积最大的陆地生态系统。我国草原分布广泛，遍布全国各个省（区、市）。其中，西藏、内蒙古、新疆、青海、四川和甘肃六省（区）是我国的六大牧区，草原面积占全国草原总面积的 75.1%。北方干旱半干旱草原区位于我国西北、华北北部以及东北西部地区，涉及河北、山西、内蒙古、辽宁、吉林、黑龙江、陕西、甘肃、宁夏和新疆 10 个省（区），是我国北方重要的生态屏障。青藏高寒草原区位于我国青藏高原，涉及西藏、青海全境及四川、甘肃和云南部分地区，是长江、黄河、雅鲁藏布江等大江大河的发源地，是我国水源涵养、水土保持的核心区，享有中华民族"水塔"之称。[1] 除生态服务功能之外，草原发挥着重要的经济功能和生存保障功能，尤其是众多少数民族世代赖以生存的基本生产资料。目前，1.2 亿少数民族人口的 70% 以上集中生活在草原区域，[2] 他们不仅依靠草原资源世代繁衍生息，同时也创造了灿烂的草原文化。

"天苍苍，野茫茫，风吹草低见牛羊"是人们对草原的最初印象，但是这番景色早已不再是草原的真实写照，尤其是从 20 世纪 90 年代开始，沙尘暴、沙漠化、退化等词语成为和草原同时出现的高频词。以内蒙古为例，1950—1990 年沙尘暴与沙尘天气平均每两年发生一次，1991 年以后几乎每年发生多次，如 1998 年在 40 天内连续发生 6 次，尤其在 2001 年我国发生了 32 次沙尘暴，其中 14 次起源于内蒙古地区。[3] 进入 2000 年之后的几次沙尘暴，近至北京、远至日本和韩国都受到了不同程度的影响。数据显示，全国 90% 的可利用天然草原不同程度地退化，并且每年以 200 万

---

① 农业部（现农业农村部）：《全国草原监测报告》（2011），2011 年。
② 陈洁、罗丹：《中国草原生态治理调查》，上海远东出版社 2009 年版。
③ 王关区：《我国草原退化加剧的深层次原因探析》，《内蒙古社会科学》2006 年第 4 期。

公顷的速度递增,① 草原退化成为急需解决的生态问题。根据《全国草原监测报告》(2013) 的数据,全国中度和重度退化草原面积仍占 1/3 以上,已恢复的草原生态很脆弱,全面恢复草原生态的任务仍然十分艰巨。② 草原退化一方面损害了生态系统的服务功能,水土保持、涵养水源、碳汇、生物多样性维持等功能下降。③ 同时也直接影响了依赖草原为生的牧民的生产生活,他们的经济收入持续下降、生活环境恶化。达林太等人在内蒙古锡林郭勒盟苏尼特左旗的研究显示,牧民人均纯收入由 2001 年的 5609.36 元降低到 2007 年的 1802 元,六年间下降 67.88%。④

多数学者与政府决策人员均认为超载放牧是草原生态退化的主要原因⑤,因此,减少天然草场牲畜数量成为生态治理的主要内容。农业部每年发布的《全国草原监测报告》也将超载率列为治理效果的重要指标,在国家的生态政策中,为达到"减畜"⑥ 的目标,同时保障牧民的生活,政府以现金/口粮/基础设施建设等形式对牧民进行"生态补偿"成为政策落实的主要手段。

二 "生态补偿"是我国草场生态治理的主要政策

(一) 生态补偿政策目标

生态补偿政策被认为是治理草场生态,同时促进牧区发展的"双赢"途径。生态补偿的政策目标有生态和社会两个方面(专栏 2.1)。在生态方面,通过减少天然草场牲畜数量的方式,恢复草场生态,使草场总体恶化的趋势得到遏制;在社会方面,通过现金、实物等方式的补偿,实现牧

---

① 《国务院关于加强草原保护与建设的若干意见》,2002 年 9 月,中华人民共和国中央人民政府网,http://www.gov.cn/gongbao/content/2002/content_ 61781. htm。

② 农业部(现农业农村部):《全国草原监测报告》(2013),2013 年。

③ 尹剑慧、卢欣石:《草原生态服务价值核算体系构建研究》,《草地学报》2009 年第 2 期;鲁春霞等:《中国草地资源利用:生产功能与生态功能的冲突与协调》,《自然资源学报》2009 年第 10 期。

④ 达林太、郑易生:《牧区与市场:牧民经济学》,社会科学文献出版社 2010 年版。

⑤ 董孝斌、张新时:《内蒙古草原不堪重负,生产方式亟须变革》,《资源科学》2005 年第 4 期;李金花、潘浩文、王刚:《内蒙古典型草原退化原因的初探》,《草业科学》2004 年第 5 期。

⑥ 本书中的"减畜"指,依赖天然草场的牲畜数量减少,而不是单纯指牲畜绝对数量的减少。如在一些地区,将天然草原放牧改为舍饲圈养的方式,虽然牲畜数量不减少,但是对天然草场的利用减少。

户收入的稳步提高、生产方式转变，以及牧区经济可持续发展能力增强，最终达到人与自然和谐相处的局面（图 2－1）。

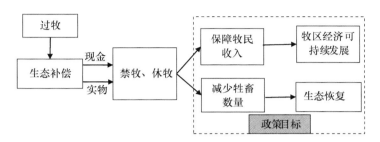

图 2－1 中国草场生态补偿政策的目标

专栏 2.1 草场生态补偿的政策目标和具体措施

农业部、财政部关于 2011 年草原生态保护
补助奖励机制政策实施的指导意见

（农财发〔2011〕85 号）

三、政策目标和主要内容

（一）政策目标

草原禁牧休牧轮牧和草畜平衡制度全面推行，全国草原生态总体恶化的趋势得到遏制。牧区畜牧业发展方式加快转变，牧区经济可持续发展能力稳步增强。牧民增收渠道不断拓宽，牧民收入水平稳定提高。草原生态安全屏障初步建立，牧区人与自然和谐发展的局面基本形成。

（二）政策内容

1. 对生存环境非常恶劣、退化严重、不宜放牧以及位于大江大河水源涵养区的草原实行禁牧封育，中央财政按照每年每亩 6 元的测算标准给予禁牧补助。5 年为一个补助周期，禁牧期满后，根据草场生态功能恢复情况，继续实施禁牧或者转入草畜平衡管理，开展合理利用。

2. 对禁牧区域以外的可利用草原根据草原载畜能力核定合理的载

畜量，实施草畜平衡管理，中央财政对履行超载牲畜减畜计划的牧民按照每年每亩 1.5 元的测算标准给予草畜平衡奖励。牧民在草畜平衡的基础上实施季节性休牧和划区轮牧，形成草原合理利用的长效机制。

3. 实行畜品种改良补贴。在中央财政对肉牛和绵羊进行良种补贴的基础上，进一步扩大覆盖范围，将牦牛和山羊纳入补贴范围。

4. 实行牧草良种补贴。鼓励牧区有条件的地方开展人工种草，增强饲草补充供应能力，中央财政按照每年每亩 10 元的标准给予牧草良种补贴。

5. 实行牧民生产资料综合补贴。中央财政按照每年每户 500 元的标准，对牧民给予生产资料综合补助。

6. 中央财政每年安排绩效考核奖励资金，对工作突出、成效显著的省区给予资金奖励，由地方政府统筹用于草原生态保护工作。

（二）生态补偿政策的基本形式和补偿标准

在政策的实际执行过程中，"减畜"通过建立禁牧休牧区的方式得以实现。禁牧，指在天然草场内长期禁止牲畜采食，现行政策一般以 5 年为一个阶段；[①] 休牧，指短期禁止放牧利用，一般在牧草返青期和结实期执行，以保护牧草的恢复生长和繁殖更新，各地的休牧时间长度因草场状况和季节差异为 3—6 个月。

目前，生态补偿标准依据草场的植被生产力进行计算，将每年每亩草场产量换算为饲料粮，再根据市场价格计算得出（专栏 2.2）。例如在内蒙古，禁牧草场平均每年每亩按照 11 斤饲料粮进行补贴（6 元/亩[②]），各

---

① 从 2003 年退牧还草工程开始，政府与牧户签订为期 5 年的禁牧合同，按照规定 5 年之后可以根据草场状况，恢复草原畜牧业。但是目前来看，由于财政、管理等多重原因，禁牧区一般不会再开放重新放牧。并且，由于禁牧政策一般配合生态移民工程，5 年之后移民牧户已脱离原来草场，重新放牧也不再可行。

② 2003—2004 年，生态补偿以陈化粮的形式补偿，2005 年将陈化粮换算为相应的补偿金额，进行现金补偿，平均每亩为 4.95 元。到 2011 年的生态补奖政策，考虑到物价的上涨，平均每亩的补偿金额调整为 6 元。

盟市会依据草场类型及产草量的差异计算调整，① 如在产草量较高的呼伦贝尔市，补偿金额为 9.54 元/亩，而在阿拉善盟则最低至 2.1 元/亩。

专栏2.2　草场生态补偿标准计算方法

《退牧还草和禁牧舍饲陈化粮供应监管暂行办法》

国家发展和改革委员会　国家粮食局　（2003）

第二章　补助标准

第五条　退牧还草饲料粮（指陈化粮）补助暂定标准：

（一）蒙甘宁西部荒漠草原、内蒙古东部退化草原、新疆北部退化草原按全年禁牧每亩每年补助饲料粮 11 斤，季节性休牧按休牧 3 个月计算，每亩每年补助饲料粮 2.75 斤。

（二）青藏高原东部江河源草原按全年禁牧每亩每年补助饲料粮 5.5 斤，季节性休牧按休牧 3 个月计算，每亩每年补助饲料粮 1.38 斤。

（三）饲料粮补助期限为 5 年。

第六条　京津风沙源治理工程禁牧舍饲项目饲料粮（指陈化粮）补助标准：

（一）内蒙古北部干旱草原沙化治理区及浑善达克沙地治理区每亩地每年补助饲料粮 11 斤。

（二）内蒙古农牧交错带治理区、河北省农牧交错区治理区及燕山丘陵山地水源保护区每亩地每年补助饲料粮 5.4 斤。

（三）饲料粮补助期限为 5 年。

休牧禁牧意味着牧户依赖的草原畜牧业受到限制，政府依据其受限的程度给予不同的补偿。为了保障牧民生计，政策实施过程中，对草场完全

---

① 内蒙古提出了"标准亩"的概念，根据天然草原的平均载畜能力，测算出平均饲养 1 只羊单位所需要的草地面积为 1 个标准亩（全区平均载畜能力为 40 亩养 1 只羊单位），其系数为 1。大于这个载畜能力的草原，其标准亩系数就大于 1，反之则小于 1。利用标准亩系数，将禁牧实际面积换算为标准亩面积，再计算出 1 个标准亩的补助额。按照禁牧每标准亩 6 元，草畜平衡每标准亩 1.5 元给予补助奖励。从呼伦贝尔市到阿拉善盟，标准亩系数从 1.59 到 0.35 不等。

或者大部分处于禁牧区的牧户，一般配套生态移民项目，将禁牧户安置在禁牧区之外，集中提供住房、基础设施以及产业安置。其中，灌溉农业、温棚农业、舍饲圈养等是目前政策中最普遍的几种产业安置方式。在季节性休牧的地区，由于对天然草场的利用减少，除政府给予的现金补偿外，还对开发饲草料地以弥补草料缺口的方式给予政策支持（专栏2.1，政策内容的第4条）。因此，草原生态补偿政策并不是一个孤立的政策，而是由一系列相互支撑的政策组合成的政策体系，不仅包括对减少牲畜数量损失的直接经济补偿，还包括对因受禁牧休牧影响的牧户的产业安置、基础设施建设及相关政策支持。

（三）草场生态补偿政策的思路

以禁牧休牧为主要措施的生态补偿政策，实际上是调整了空间上人对生态系统的压力——通过集约化的生产方式（上文所述农业、饲料地种植、舍饲圈养等），将人对生态系统的影响从较大的空间范围浓缩到较小的空间范围，通过对小空间范围的自然资源的集中利用来保护大空间范围的生态系统，即遵循"大面积搞生态，小面积搞生产"的保护思路。

在退牧还草政策的实施之初，政府文件中将其具体表述为，牧区的"种、保、改"模式与农区和半农半牧区的"进、退、还"战略。如锡林郭勒盟的"种、保、改"模式，即采取"种植一点，改良一块，合理保护利用一大片"的草原建设发展思路，通过人工草地、灌溉饲料地、改良草地、打贮草等方式，使草原畜牧业步入建设养畜之路。如乌兰察布市的"进、退、还"模式，即每建成一亩水旱高效标准农田，退下二亩旱坡薄地，还林还草，恢复植被，改善生态。直至现在的生态补奖政策出台之后，牧区各地仍然采取上述思路，一方面减少天然草场上的放牧压力，另一方面将人口集中，并通过舍饲圈养、饲草料种植等方式推动畜牧业转型。

三 草场生态补偿政策的效果

上述草场生态补偿政策已经实施有十余年，那么从实施效果来看是否有效？本书的政策有效性是指政策执行之后对预期目标的实现程度，即是否恢复了草场生态，以及保障牧户收入、实现了牧区经济的可持续发展

（见图 2 - 1 所述的生态和社会目标）。

为确保政策效果评价的客观性和全面性，本节从政府、学界及实地调研三个角度对政策的效果进行梳理和总结。在政府观点方面，本书对政府的原始报告、《全国草原监测报告》（2006—2011）、农业部及国家发展和改革委员会关于草场管理政策的报告以及相关政府官员的重要讲话进行了话语分析。

在学界[①]的观点方面，本书采用北京大学自然资源管理小组的文献计量结果进行分析[②]。该研究以"退牧还草""禁牧""休牧"为主题（包括标题、摘要和关键词），搜集了 2002 年至 2012 年间，中国最大的期刊论文数据库——中国学术网络出版数据库中所有满足前述条件的论文，共有 136 篇论文讨论了生态建设项目。其中，103 篇文章讨论了生态补偿政策的影响，其余的则主要关注政策设计和实施过程。针对每一篇论文，进行了两方面的分析：政策影响分析和结论的可靠性分析。在影响方面，政策的影响分为两个方面：（1）对生态系统的影响；（2）对社会系统的影响（具体包括对牧民生活和牧区经济、牧区社会的影响）。对于每个方面，本书将作者对政策影响的观点分为正面的、负面的和无效的。正面的观点意味着该政策在上述两方面实现了改进，无效的观点意味着政策没有达到预期目标，而负面观点则意味着这些政策直接导致负面影响。此外，由于研究中采用的方法十分广泛，而方法的严谨性直接关系到结论的可靠性，所以本书针对政策影响的结论进行可靠性分析。本书主要依据文献中的数据收集方法和分析推理的严谨性，来评价结论的可靠性。

在实地调研方面，笔者于 2008—2012 年对内蒙古和新疆地区的生态补偿政策进行了调研，地点涉及位于内蒙古东、中、西部的 5 个盟市（包括 13 个牧业旗县）和新疆的两个地区（4 个牧业县）。调研过程中，实地考察了项目区和非项目的生态环境，并通过入户访谈的方式对生态补偿政策带来的生态和社会影响进行了深入分析。

---

① 在文献搜索过程中，将发表机构为政府部门的剔除。

② Gongbuzeren, Li, Yanbo, Li, Wenjun, "China's Rangeland Management Policy Debates: What Have We learned?" *Rangeland Ecology & Management*, Vol. 68, No. 4, 2015.

（一）政策效果：官方数据

（1）生态效果

根据历年来农业部发布的《全国草原监测报告》，以禁牧休牧为主的生态补偿政策已经显著减少了天然草场的载畜率（图2-2），2006—2013年，全国重点天然草原平均超载率逐年下降，尤其在2013年首次降到20%以下。

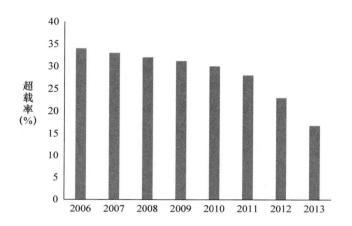

图2-2 2006—2013年全国重点天然草原平均超载率

注：全国重点天然草原指我国北方和西部分布相对集中的天然草原，这也是我国传统的放牧型草原集中分布区，涉及草原面积3.37亿公顷。

资料来源：2006—2013年《全国草原监测报告》，并由作者整理。

从生态效果来看，以"退牧还草"为例，该项目对草原生态恢复起到了明显的作用，主要表现为与非项目区比较，植被的盖度、高度、产草量增加，同时与项目实施之前相比草场的盖度和产草量也有所增加（见表2-1）。此外，历年的《全国草原监测报告》都认为禁牧休牧等政策"对周边区域的社会经济发展和生态建设也发挥了正面的辐射带动作用。工程项目区和周边的草原生态环境明显改善，农牧民增收和脱贫步伐明显加快，有效地促进了牧区畜牧业生产方式的转变，有力地推动当地草原地区生态、社会和经济全面协调可持续发展"。[①] 需要指出的是，《全国草原监

---

① 数据来源于2006—2013年的《全国草原监测报告》。

测报告中》对项目区周边生态环境改善的结论目前缺乏数据支撑，仅是官方文件的表述。

表 2 - 1　　《全国草原监测报告》中关于"退牧还草"项目生态效果的描述

年份	与非项目区比较（增加%）			与项目实施前比较（增加%）	
	盖度	高度	产草量	盖度	产草量
2007	15	47	58	9	26
2008	14	60	68	—	—
2009	12	36	75	6	18
2010	12	38	44	3	8
2011	10	43	50	4	11
2012	11	—	49		
2013	10	35	54	—	—

资料来源：《全国草原监测报告》（2006—2013）。

从全国草原生态保护的整体状况来看，如表 2 - 2 所示，经过了多年的建设，目前仍然呈现出"全国草原超载过牧依然严重，草原退化、沙化、盐渍化仍在不断发展，草原生态环境形势严峻，全国草原生态环境治理步入攻坚阶段"的状况，[①] 即便是"已恢复的草原生态仍很脆弱"[②]。综合官方的数据和表述来看，草原生态状况的改善主要体现在项目区内，但是整体生态环境依然处于退化状态。

表 2 - 2　　　《全国草原监测报告》中对全国草原整体状况的评价

年份	对全国草原生态状况的总体评价
2007	项目区明显改善，但全国生态环境仍然呈现总体恶化趋势，局部地区恶化加剧
2008	项目区恢复明显，但草原超载过牧依然严重，开垦、乱征滥占、乱采滥挖等破坏草原的行为仍有发生，鼠虫灾害发生面积居高不下，沙化、盐渍化、石漠化依然严重，草原生态环境治理任务十分艰巨

① 农业部（现农业农村部）：《全国草原监测报告》（2012），2012 年。
② 农业部（现农业农村部）：《全国草原监测报告》（2013），2013 年。

续表

年份	对全国草原生态状况的总体评价
2009	草原生态环境加速恶化的势头得到一定遏制，部分地区生态环境明显改善
2010	全国草原生态环境加速恶化势头得到有效遏制，但仍呈"点上好转、面上退化，局部改善、总体恶化"态势，草原生态环境治理任务十分艰巨
2011	全国草原超载过牧依然严重，草原退化、沙化、盐渍化仍在不断发展，草原生态环境形势严峻，全国草原生态环境治理步入攻坚阶段
2012	当前全国大部分草原仍处于超载过牧状态，草原退化、沙化、盐碱化、石漠化现象依然严重，生态环境形势依然严峻，我国草原生态保护建设任务十分繁重
2013	全国中度和重度退化草原面积仍占1/3以上，已恢复的草原生态仍很脆弱，全面恢复草原生态的任务仍然十分艰巨

资料来源：《全国草原监测报告》（2008、2009、2010、2011、2012、2013、2014）。

（2）社会效果

根据政府观点，生态补偿政策对于牧民生计产生的负面影响主要缘于补贴不足。以"退牧还草"项目为例，国家发展和改革委员会相关官员表示该项目中存在的问题包括："一是工程建设内容单一。现有退牧还草工程建设主要是恢复生态的措施，人工饲草地、舍饲棚圈等关系农牧民生产生活的措施未纳入补助范围，禁牧休牧后缺乏饲料来源和舍饲圈养条件，退牧户长远生计面临困难。二是配套资金难以落实。工程区大多分布在少数民族地区和边远贫困地区，地方财政基本是'吃饭财政'，难以安排相应的配套资金"。类似的，根据2011年的中央一号文件和内蒙古2010年一号文件，由于禁牧、休牧和轮牧项目的实施，"牧民为保护和恢复草原生态付出了部分成本，同时，由于惠农惠牧政策不平衡，牧民的转移性收入明显低于农民。加之牧区地处偏远，气候寒冷，生产生活资料价格提高，牧民消费支出远远高于农民，实际收入不仅低于农民，而且呈现递减趋势"[①]。因而，自2010年起，中央启动了"草原生态保护补助奖励机

---

① 《内蒙古自治区人民政府关于促进牧民增加收入的实施意见》，2010年1月11日，内蒙古自治区人民政府网，http://www.nmg.gov.cn/art/2010/1/11/art_2659_4932.html。

制"，增加了生态补偿的补助资金。这一政策在维持既有生态建设项目的同时，通过一定措施以改善牧民生计，包括：（1）禁牧区按 6 元/亩的标准补贴。（2）草畜平衡地区按 1.5 元/亩的标准进行补贴。（3）增加牧区畜牧良种补贴，在对肉牛和绵羊进行良种补贴的基础上，将牦牛和山羊纳入补贴范围；实施牧草良种补贴、牧民生产资料综合补贴。（4）加大对牧区教育发展和牧民培训的支持力度，促进牧民转移就业。

关于草场生态补偿政策的效果，政府观点可以总结如下：首先，项目区内的草场退化得到了遏制和恢复；其次，尽管草场生态状况局部好转，但全国草场总体状况仍然处于恶化之中；再次，草场生态补偿中过于强调"生态优先"，而未充分考虑牧草短缺对牧民生计和畜牧业生产的影响。

（二）政策效果：学界观点

在 136 篇文章中，有 103 篇讨论生态补偿政策的影响，其余的则主要关注政策设计和实施过程。在这 103 篇文章中，讨论最多的是政策对于生态的影响（该类文章有 87 篇，占总数的 84%），其他的主要讨论了政策对社会系统的影响，其中有 56 篇分析了政策对牧民生活和牧区社会经济的影响（占总数的 54%），还有部分文献讨论生态补偿政策对牧区的社会影响，如文化、生活习惯等（该类文章有 18 篇，占总数的 17%）。

（1）生态效果

生态效果方面，72% 的学术观点认为草场生态补偿政策所配套的生态建设项目的实施促进了退化草场的恢复，主要体现为植被高度、盖度和生物量的增长，多年生植被所占比例的增长，沙尘暴产生频率的降低，生物多样性的增加以及草地蓄水功能的提升等。然而，13% 左右的观点认为生态建设项目对于生态系统产生了消极的影响。这类观点的主要论据是：在生态建设项目实施中，放牧压力被转移到了非项目地区，从而促成了这部分地区的生态退化；农业开发、人工种植草地会消耗地下水和土壤肥力、破坏原生植被；长期禁牧破坏了牲畜和草场之间的反馈关系，不利于植被更新。此外，14% 左右的学术观点认为，由于非法放牧行为的普遍存在，禁牧、休牧并没有得到有效实现，因此生态建设项目无法改善草场现状。

表 2－3　　　　　　文献研究中对生态补偿政策生态效果的评价

生态效果	比例	评价依据	代表作者
正面	72.0%	生物量（42/71）、植被盖度（40/71）、植被高度（31/71）、植被群落中多年生优良牧草所占比例（22/71）	雷志刚等①，许晴等②，黄文广等③，王岩春等④，王丽娟等⑤
负面	13.5%	压力转移、土壤破坏及地下水开采、长期禁牧不利于植被更新	闫玉春、唐海萍⑥，许中旗等⑦，徐红罡⑧
无效	14.5%	非法放牧行为普遍存在，禁牧、休牧并没有得到有效实现；降水影响更为显著	齐顾波和胡新萍⑨

注：有的文章既谈到正面效果，也谈到负面效果，统计时按照 71（正面）＋13（负面）＋14（无效）＝98，计算总数。

　　根据本书对上述文献所做的研究结论可靠性分析，生态影响方面，有 62% 的文章（44/71）持积极影响的观点，它们都是基于案例研究或者直接的生态监测，然而那些对生态影响持消极态度的文章则主要以推论为主且缺乏检测证据。但是，这里需要强调的一点是，在 71 篇认为生态补偿政策对生态系统具有积极影响的文章中，大多数研究使用的指标是短期的草场植被变化。用于支撑生态条件改善的指标主要是地上生物量（42 篇论文）、植被盖度（40 篇论文）、植被高度（31 篇论文）以及植被群落中多

---

① 雷志刚、丁敏、董志国：《荒漠化草原实施围栏效果研究》，《草食家畜》2011 年第 3 期。

② 许晴、王英舜、许中旗：《不同禁牧时间对典型草原净初级生产力的影响》，《中国草地学报》2011 年第 6 期。

③ 黄文广、刘晓东、于钊：《禁牧对草地覆盖度的影响——以宁夏盐池县为例》，《草业科学》2011 年第 8 期。

④ 王岩春、于友民、费道平、邰峰：《川西北退牧还草工程区围栏草地植被恢复效果的研究》，《草业科学》2008 年第 10 期。

⑤ 王丽娟、李青丰、根晓：《禁牧对巴林右旗天然草地生产力及植被组成的影响》，《中国草地学报》2005 年第 5 期。

⑥ 闫玉春、唐海萍：《围栏禁牧对内蒙古典型草原群落特征的影响》，《西北植物学报》2007 年第 6 期。

⑦ 许中旗、李文华、许晴：《禁牧对锡林郭勒典型草原物种多样性的影响》，《生态学杂志》2008 年第 8 期。

⑧ 徐红罡：《"生态移民"政策对缓解草原生态压力的有效性分析》，《国土与自然资源研究》2011 年第 4 期。

⑨ 齐顾波、胡新萍：《草场禁牧政策下的农民放牧行为研究——以宁夏盐池县的调查为例》，《中国农业大学学报》（社会科学版）2006 年第 2 期。

年生优良牧草所占比例（22 篇论文）。前三个指标对放牧和降水量都较为敏感，不能充分体现禁牧休牧带来的长期影响，而文献中却未对此做出进一步说明。另外，由于项目区放牧压力向非项目区转移的普遍发生——这一点在下文的实地调研结果中得到进一步验证，项目区域的植被条件未必能够反映整体草场生态状况。

（2）社会影响

38%的学术观点认为生态补偿政策对于牧民生活产生了积极的作用。这类观点提到，政策的实施，政府的补贴提高了牧民的收入；随着畜牧业向集约化生产的转变和非牧业劳动人口的增加（尤其在那些在生态建设项目下牧民由牧区搬迁到城镇），从长远来看，牧民的收入提高了；生态补偿政策促进了自然环境的改善，从而改善了当地居民的生活环境。然而，60%的学术观点认为生态补偿政策导致牧民生活水平下降，具体体现为：（1）牧业生产成本的提高和劳动力投入的增加导致牧民净收入减少，至少从短期看如此；（2）由于缺乏后续产业，缺乏其他就业途径，生态移民之后的牧民缺乏可持续生计，依赖政府提供的补贴维生，生活成本增加，贫困面扩大。

在生态补偿政策对牧区经济影响方面，只有24%的学术论文持积极态度。这类观点认为，收入的提高和集约化畜牧业的发展促进了牧区社会的和谐与发展，改变了牧民落后的传统观念。此外，生态补偿政策的实施促进了草场的流转，因此穷户可以通过出租他们的草场来获取收益。生态补偿政策的一些配套项目通过促进牧民的移民和城镇化改善了牧民的教育条件和医疗服务。在社会影响方面，76%的观点认为生态补偿政策给牧区社会关系和文化带来了显著的消极影响。最直接的就是因为生产成本增加，牧民采取了偷牧的策略，从而增加了与基层草原管理者之间的矛盾，基层政府管理困难加剧。并且，偷牧也导致草场纠纷，影响社会治安。另外，禁牧增加了弱势群体（受教育程度低、收入少、生存环境差的人群，老年人，妇女）的生存风险。由于畜牧业收入下降，大量中青年人出去打工，留守儿童、留守老人的问题突出。伴随着畜牧业生产方式的改变，民族传统也发生了改变，影响民族感情。另外，移民之后，由于缺乏其他工作机会，赌博等不良风气增加，巨大的市场竞争压力和生活压力打破了牧民原有的生产生活方式，弱化了传统文化的影响。

需要进一步说明的是，根据"可靠性分析"（详见附录 1）的结果，除了生态方面的影响之外，生态补偿政策在对社会系统三个方面的积极影响有可能被高估了。在所有讨论了生态建设项目对牧民生活和牧区社会关系与文化具有积极影响的文章中，基于案例研究或案例调查的文章仅仅占到这类文章总数的 44% 和 0。反过来，持消极影响观点的文章中，有超过半数的文章是基于案例研究和案例调查的，分别占到总数的 70% 和 54%。因此，从证据和论证的有效性方面考虑，现有学术研究可能高估了生态补偿政策对牧民生计和牧区经济发展，以及牧区社会方面的积极影响。

总体而言，对于草场生态补偿政策影响的学术观点进行文献计量分析，结果显示：政策对项目区内草场恢复起到了有效的作用，然而在牧民生活和牧区经济发展方面却造成了显著的负面影响。大多数学术观点宣称生态补偿政策在项目区域产生了积极的生态影响，尤其是在植被的改善方面，但现有学术研究仅仅关注了项目区域短期植被指标的变化，缺少对非项目区域状况的调查研究，就研究方法而言，存在缺陷，不能反映草场整体的生态状况，在一定程度上削弱了结论的可靠性。关于社会经济影响方面，认为政策给牧民生活带来消极影响的观点的比例超过了认为政策带来了积极影响的观点。根据这类学术研究的焦点和结论，可以看出：草原生态建设项目具有"生态优先"的倾向，而对牧民生活、牧区社会和文化方面没有给予足够的关注。因此，尽管该政策短期内改善了项目区内草场生态状况，却导致牧民生活条件恶化，牧区社会经济发展的可持续性并未达到预期目标。

（三）政策效果：实地调研

从本书实地调研的情况来看，目前"大面积搞生态，小面积搞生产"的生态补偿政策对生态系统整体影响的效果评价可能过于乐观，该政策甚至有可能对生态系统整体造成严重的破坏。以禁牧休牧为主要手段的草原生态补偿政策，一般都伴随着人口、牲畜等的集中或者转移（如舍饲圈养、饲草料种植、生态移民等），资源的利用方式和生态影响范围也在发生变化。以本书所调研的案例地之一，阿拉善左旗贺兰山保护区为例，自1999 年实施禁牧开始，至今已有 23 万头牲畜及 1500 户牧民从项目区搬出，实现了全面禁牧。一方面，通过禁牧措施，项目区内的牲畜数量得以减少，草场植被明显恢复，在贺兰山沿线访谈的 24 户牧民中，所有的牧民都认为保护区内植被的密度、高度等明显好于禁牧之前。但是，部分长期观察的年长牧民也反映，长期的禁牧对于植被的更新和多样性有明显的负面影响。另一方面，大量禁牧户被安置在贺兰山脚下地下水资源较为丰富的腰坝滩从事农业种植，人口的增加和农田的开垦大大增加了地下水的开采量，2007 年腰坝滩地下水的实际年开采量为 4000 万立方米，超过了可开采量的一倍。① 地下水位持续下降、水矿化度增高等，已经成为当地最紧迫的生态问题。因此，仅以禁牧区的草场植被为指标，并不能全面反映政策对整体生态系统的影响。而通过上述案例所展现的情况，甚至可以质疑项目区内的生态恢复是以生态系统整体的损害为代价，长期来看并不利于生态恢复。

在社会效果方面，牧户认为生态补偿政策有效改善了基础设施条件，但对经济的可持续性并不乐观，并且认为在生态风险的影响下，牧区经济的可持续性面临更多的不确定性。在水资源面临水量减少和水质变差的双重问题的现状下，农业节水和缩小耕地面积成为阿拉善当地政府部门的重要工作，根据 2014 年笔者电话回访得到的信息，当地正计划将亩均用水量控制在目前一半的水平，牧户依赖农业种植的收入将受到严重影响。

从实际调研的总体情况来看，阿拉善左旗所出现的问题并不是特例，而是普遍存在的现象。如在鄂尔多斯市，政府划定禁牧区限制放牧，而同时鼓励在水资源较好的地方建设"家庭牧场"，扶持集约化的畜牧业生产方式，对饲草料地开垦、喷灌设施建设、棚圈搭建都给予政策和资金支持；在锡林郭勒盟，大量禁牧户被集中安置，发展奶牛养殖业，这伴随着需要大量地下水资源的饲草料地的开发；新疆精河县，春草场和冬草场休牧，为弥补草料的不足，政府鼓励牧户在秋草场种植草料。而探寻其背后的逻辑，可以发现这一现象的必然性：禁牧休牧限制了牧户利用资源的空间范围，将生产活动集中在更小的空间之内，因此，为保障牧户的收入水

---

① 李进：《阿拉善腰坝绿洲地下水位动态及预测模型研究》，博士学位论文，长安大学，2007 年。

平，必须提高单位面积内的经济产出。可见，如图 2-3 所示，在项目区内人类对自然资源的压力减小，项目区外则压力增大，而作为生态系统本身，其边界并不受人为界定"项目区"的限定，因此项目区内短期植被状态并不能反映生态补偿政策对生态系统的整体影响。在此情况下，牧户的社会经济可持续性也面临着不确定性。

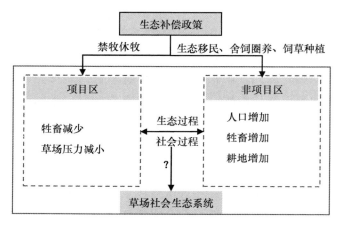

图 2-3　生态补偿政策对草场社会生态的影响

第二节　问题提出

从第一节所述的政策效果来看，生态补偿政策并没有达到其预期保护生态和牧区经济可持续发展的目标，具体体现为：

（1）在生态效果方面，目前的数据仅仅显示项目区内牲畜数量减少，并且短期内若干植被指标（如植被高度、盖度、产草量等）的改善，但缺乏对草场整体生态系统的研究，因此并不能反映草场整体生态状况的好转，比如长期禁牧条件下草场植被是否恢复仍然未知。此外，在生态补偿政策作用之下，牧户生产生活方式发生了根本性的转变，脱离畜牧业的产业安置造成项目区人口、牲畜、资源压力转移到项目区外，更使得政策对整体生态系统的影响难以确定。甚至，在干旱半干旱地区特殊的自然环境背景下，生态补偿政策所导致的饲草料地、农田的开垦，以及由此所引发的大规模的水资源开采，有可能会对整体生态系统造成更严重的负面影响。

（2）在社会效果方面，现有的政府话语、文献研究，以及本书调研组的实际调研均显示，生态补偿政策并未达到发展牧区经济的预期效果。大多数研究（60%）均认为生态补偿政策没有提高牧户的收入水平，并且较为可靠的基于案例调查的研究更加支持这一结论。从长期来看，受政策影响的牧户生活成本增加和后续产业缺失，牧区的经济发展将面临更多问题。而从生态效果来看，生态系统存在的恶化风险，进一步增加了牧区社会经济发展的不确定性。

由于生态补偿政策对于草场生态和社会系统的上述现实影响，本书提出两点质疑：（1）生态补偿作为处理生态和系统二者之间关系的手段，为何没有达到社会和生态预期双赢的效果，生态补偿政策是否解决了生态和社会之间的问题？（2）生态补偿政策在多个尺度上造成了生态影响，其影响超越了其项目实施区的范围，而仅以单一尺度内的生态效果作为政策是否有效的依据，会使现有政策的负面影响被忽略，导致现有政策的延续或者加强，在更大范围实施的情况下造成诸多非预期甚至是不可逆的生态破坏。

因此，本书认为现有生态补偿政策亟须解决的问题是：（1）在草场社会生态系统中，应该如何处理生态与社会系统二者之间的关系；（2）生态补偿政策是否为了解决一个尺度上的问题，造成了其他尺度上的影响？对于生态系统整体的影响具体是什么，通过怎样的机制发挥作用？如果生态补偿政策的禁牧休牧措施是以更大尺度上生态系统的破坏为代价，而现有的政策评估忽略这点而继续沿着原有思路实施和完善，那么不仅政策本身的生态效果不可持续，而且会为当地的生态治理带来更多更严峻的挑战。

其背后的学术问题是，生态治理政策所关注的社会生态系统并非独立存在的，与相邻尺度系统内发生着紧密的联系，不同尺度间的相互作用共同决定了系统整体的状态。生态补偿政策通过资金和实物的输入，改变了目标尺度上"人—草—畜"的关系，但是调研中发现，这种变化并不是在一个封闭的系统内完成的，而是通过一系列的社会（比如生产方式的转变）及生态（生态系统内各种资源之间的作用）过程与相邻尺度系统连接起来。本书试图回答的核心学术问题是：（1）在自然资源管理中，生态与社会系统二者之间的关系是什么，目前的生态补偿理论对该问题的观点和局限是什么？（2）生态补偿政策对社会生态系统不同尺度的影响是什么？政策影响的尺度效应是如何产生的，包括社会生态系统不同尺度间的关系是什么，跨尺度的相互作用机制又是什么？（3）在草场生态政策设计的过程中，如何避免"为了解决某一尺度的问题，造成更大尺度上更多问题"的困境？

第三节　研究综述

一　国内外草场生态补偿政策影响的研究尺度

自中国的草场生态补偿政策实施以来，国内外学者从不同的尺度对政策的影响进行了研究。从目前研究的状况来看，研究尺度涉及牧户尺度、县/市域尺度、区域尺度以及国家的宏观尺度。其中，牧户尺度的研究关注牧户对政策的响应以及政策对牧户收入的影响；县/市域尺度则多是以一个或者多个政策实施的县市为研究对象，分析政策的生态及社会影响；区域及国家尺度更多讨论政策的整体影响及政策设计和实施方面的经验与不足。

在牧户尺度上，社会经济学家的研究相对较多，研究方法采用牧户尺度的数据进行计量或者相关性分析，重点关注生态补偿政策对个体影响的差异。研究的主要内容集中在几个方面：国家生态补偿政策对于农户/牧户收入水平及结构的影响；[①] 牧户尺度对于政策的认知、响应及影响因素，

---

① E. Uchida, J. Xu, Z. Xu, S. Rozelle, "Are the poor benefiting from China's land conservation program?" *Environmental and Development Economics*, Vol. 12, No. 4, 2007; Bennett, M. T., "China's sloping land conversion program：Institutional innovation or business as usual", *Ecological Economics*, Vol. 65, No. 4, 2008; Grosjean, P. and K., "Andreas How Sustainable are Sustainable Development Programs? The Case of the Sloping Land Conversion Program in China", *World Development*, Vol. 37, No. 1, 2009; 王小鹏、赵成章等：《基于不同生态功能区农牧户认知的草地生态补偿依据研究》，《中国草地学报》2012 年第 3 期；蒙吉军、艾木入拉、刘洋、向芸：《农牧户可持续生计资产与生计策略的关系研究——以鄂尔多斯市乌审旗为例》，《北京大学学报》（自然科学版）2013 年第 2 期；Komarek, A. M., et al., "Household – level effects of China's Sloping Land Conversion Program under price and policy shifts", *Land Use Policy*, Vol. 40, No. 9, 2014。

以研究牧民在进行行为选择时的规律性因素；[1] 农户/牧户对补偿资金停止的响应及其影响因素；[2] 还有部分研究关注了牧户尺度的生态效果评价，从牧户感知的角度对现有的生态评价进行了补充。[3]

县/市域尺度的研究一般以县/市域的调研数据为基础，分析生态补偿政策的社会、经济及生态影响。对植被恢复效果的评价是该尺度内的研究重点，区域涉及内蒙古、新疆、四川等各大牧区，具体的评价方法包括对禁牧/休牧区域内遥感数据分析、样方监测等，评价的指标包括植被的高度、盖度、密度以及物种的多样性，少量涉及水土流失、碳汇等指标，[4] 对于效果不再赘述；该尺度内的另外一个研究重点是生态补偿政策对社会经济的影响，其中包括对牧民的收入、对畜牧业生产方式的影响，以及对产业方式变化的影响。[5]

在国家或者区域尺度上，学者更加关注中国的生态补偿政策对生态及社会整体的影响，以分析发展中国家生态保护及制度设计的经验和不足。华人科学家 Liu 等人在 PNAS 上发表文章，对我国全国尺度的"退耕还林""国家天然林保护工程"的生态及社会影响进行了评估，生态方面包括森林砍伐量、水土流失、碳汇、生物多样性、森林覆盖量等内容，社会方面包括就业、产业结构、家庭收入等内容，研究结果表明这些生态补偿政策的社会及生态影响总体上是积极的，但是仍然面临不少挑战，包括补偿的

---

① 赵爱桃、刘天明：《退耕退牧还草农牧户的社会认知与政策响应》，《中国草地学报》2008年第1期；龚大鑫、金文杰、窦学诚：《牧户对退牧还草工程的行为响应及其影响因素研究——以高寒牧区玛曲县为例》，《中国沙漠》2012年第4期。

② Bennett，M. T.，"China's sloping land conversion program：Institutional innovation or business as usual"，*Ecological Economics*，Vol. 65，No. 4，2008.

③ 谷宇辰、李文军：《禁牧政策对草场质量的影响研究——基于牧户尺度的分析》，《北京大学学报》（自然科学版）2013年第2期。

④ 刘德梅、马玉寿、董全民：《禁牧封育对"黑土滩"人工草地植被的影响》，《青海畜牧兽医杂志》2008年第2期；尹俊、蒋龙、徐祖林：《云南迪庆州天然草原退牧还草工程实施对草原生态及牧区社会经济的影响》，《草业与畜牧》2010年第11期；许中旗、李文华、许晴：《禁牧对锡林郭勒典型草原物种多样性的影响》，《生态学杂志》2008年第8期。

⑤ 刘艳华、宋乃平、陶燕格：《禁牧政策影响下的农村劳动力转移机制分析——以宁夏盐池县为例》，《资源科学》2007年第4期；陶燕格、宋乃平、王磊：《禁牧前与禁牧后畜牧业成本差异对比——以宁夏盐池县为例》，《宁夏大学学报》（自然版）2008年第2期；高翠玲、李主其、曹建民：《退牧还草与草原畜牧业经营方式转变研究——基于乌审旗六嘎查的实证分析》，《管理现代化》2013年第1期。

可持续性、完善的监测系统以及需要更加大时空尺度的整合研究。[1] Xu 等人对我国实施的"退耕还林""国家天然林保护工程"进行了分析，发现政策对社会成本估计及补偿不足，缺乏对于社会实际情况的认知以及长期规划，使得政策的有效实施和潜在影响面临很大的不确定性。[2] Cao 分析了中国西北干旱半干旱地区的生态补偿政策，研究发现全国范围内推广的提高森林覆盖面积的恢复生态的措施，是造成目前西北地区沙漠化的重要原因之一，严重影响了当地的植被和水文过程，因此生态补偿政策实施过程中对生态系统特征的识别十分重要。[3]

这里需要进一步说明的是，目前国外的相关研究中，专门针对草场生态补偿政策影响的研究数量较少，上述所提及的研究均是在"退耕还林/草""国家天然林保护工程"等背景下所做的，同时包括了森林和草场的领域，并且重点在森林的生态保护，没有做进一步的区分研究。实际上，森林生态补偿和草场生态补偿虽然在政策上有很多交叉重叠，但是二者在自然和社会经济状况方面有很大差异，因此这些研究结论的使用有必要进一步区分。从国外研究的不足来看，对于我国生态补偿政策研究最多的两位华人科学家 Liu[4] 和 Yin[5] 均指出，目前的研究呈现的是碎片化的研究状态，对不同尺度区域生态影响间的联系研究不足，因此生态系统的长期响应或者效果不明晰。同时，现有研究重点在于效果状态指标的评价上，而对于其中的作用机理，也就是对具体的生态过程和社会过程的变化的研究

---

[1] Liu, J., et al., "Ecological and Socioeconomic Effects of China's Policies for Ecosystem Services", *Proceedings of the National Academy of Sciences of the United States of America*, Vol. 105, No. 28, 2008.

[2] Xu, Jintao, Runsheng Yin, Zhou Li, and Can Liu, "China's Ecological Rehabilitation: Unprecedented Efforts, Dramatic Impacts, and Requisite Policies", *Ecological Economics*, Vol. 57, No. 4, 2006

[3] Cao, S., "Why Large - scale Afforestation Efforts in China Have Failed to Solve the Desertification Problem", *Environmental Science & Technology*, Vol. 42, No. 6, 2008.

[4] Liu, J., et al., "Ecological and Socioeconomic Effects of China's Policies for Ecosystem Services", *Proceedings of the National Academy of Sciences of the United States of America*, Vol. 105, No. 28, 2008.

[5] Yin, R., Zhao, M., "Ecological Restoration Programs and Payments for Ecosystem Services as Integrated Biophysical and Socioeconomic Processes—China's Experience as an Example", *Ecological Economics*, Vol. 73, 2012.

欠缺。故而，对于不同时空尺度的整合研究，以及社会及生态过程的机理性研究将是进一步研究的方向。

从目前国内外文献研究的主要内容来看，主要存在两个不足：第一，虽然对于草场生态补偿政策的评价有多个研究尺度，但是到某一个具体的研究上，都仅是单一尺度，缺乏多尺度的研究视角；第二，无论是对生态还是对社会影响的评价，研究的内容更多停留在状态指标的评价上，缺乏对具体生态和社会过程的详细分析。尤其对于本书在实际调研中所发现的问题，即禁牧/休牧政策往往伴随着生产生活方式的转变，这种变化对系统不同尺度的影响是什么，基本没有涉及。

二　生态补偿政策问题分析及改进建议的研究

关于我国目前草场生态补偿政策未达到预期效果的原因，已有不少学者进行了讨论，本节根据问题产生的根源将相关研究文献归为两类（如表2-4所示）：第一类的关注点在于从政策实施的方式及过程探讨政策出现问题的原因，这类文献研究是绝大多数，但主要讨论的是社会方面的问题；第二类则试图从生态补偿理论本身着手，分析生态补偿理论在解决草场生态问题方面的局限性。第一类研究的观点可以归纳为4个方面。

（1）生态补偿标准偏低及资金不足，未能体现草原生态服务的真实价值，也没有反映因政策导致的牧民减少牲畜数量或者放弃畜牧业的机会成本，因此没有形成保护草场的激励机制，并造成牧户生活水平的下降。[1]持此观点的研究者普遍认为目前的草原生态补偿标准不合理，现有生态补偿只体现了对草地资源属性的补偿，而很少考虑草地对牧民的文化、生计功能与其他生态服务价值的补偿。[2] 例如，洪冬星基于内蒙古、新疆、青海6个旗县的调查显示，虽然有80%以上的牧户认为生态补偿政策有利于草场恢复，但是现有的生态补偿金额偏低，牧民不能维持原有的生活水平

---

[1]　包利民：《我国退牧还草政策研究综述》，《农业经济问题》2006年第8期；杨光梅、闵庆文等：《我国生态补偿研究中的科学问题》，《生态学报》2007年第10期；冯艳芬、王芳：《生态补偿标准研究》，《地理与地理信息科学》2009年第4期。

[2]　王小鹏、赵成章等：《基于不同生态功能区农牧户认知的草地生态补偿依据研究》，《中国草地学报》2012年第3期。

甚至出现生活水平下降幅度大的状况。① 而对于应该补偿多少的问题，一些研究也依据不同的算法得到了相应的结果。例如，王欧根据不同类型草场的产草量和载畜率，计算赤峰市的补偿标准应该比现阶段提高 5 倍；② 巩芳等利用条件价值评估法研究补偿对象的受偿意愿发现，内蒙古牧民的受偿意愿是 129.65 元/亩·年，比现在的补偿标准高出 10 倍。③

表 2-4　　　　　　　　　生态补偿政策存在问题的相关研究

观点	影响
政策设计和实施的问题	
1. 补偿标准偏低	没有形成保护草场的激励机制，并造成牧户生活水平的下降
2. 生态补偿方式过于单一	"造血"功能的缺失造成牧户生计可持续能力不足，缺乏后续产业
3. "自上而下"的实施过程缺乏牧户参与	政策并不能满足牧户的意愿，影响了生态补偿政策的效果
4. "工程"式的推进方式缺乏长效机制	只能解决短期的生态和生计问题
生态补偿理论存在的问题	
1. 生态系统的复杂性	打破了草畜本应共生互利的长期关系，导致更加严重的草场破坏
2. 政治、制度背景的复杂性	"过牧"背后的原因复杂，简单剥离式的生态保护将生态问题随人口和产业的转移转嫁到了其他领域
3. 忽略了社会生态系统作为一个整体的复杂性	强调单一生态服务功能的恢复可能会引起更多的生态风险
4. 生态问题和社会经济问题分割处理，对社会—生态系统作为一个整体，尤其是二者内在联系缺乏考虑	仅关注单一方面，会造成生态或者社会的短期效果，而在长期内形成负面影响

---

① 洪冬星：《西部地区草原生态建设补偿机制及配套政策研究》，博士学位论文，内蒙古农业大学，2012 年。

② 王欧：《退牧还草地区生态补偿机制研究》，《中国人口资源与环境》2006 年第 4 期。

③ 巩芳、长青、王芳：《内蒙古草原生态补偿标准的实证研究》，《干旱区资源与环境》2011 年第 12 期。

（2）生态补偿方式过于单一，以现金和安排替代性生计的方式为主，政策本身只具备"输血"的功能，"造血"功能的缺失造成生态补偿政策效果不佳。[①] 尤其是禁牧地区，牧民长期从事单一的畜牧业生产，缺乏其他生产技能，单纯进行现金补偿或者安排农业、舍饲等替代性生计，并不能使牧民的生产方式发生根本性的改变。目前的补偿方式没有将牧民进一步发展所需的技术和知识、观念、心理、市场机制等考虑在内，这些不能用简单现金表达的需求，却对牧民今后的发展至关重要。[②] 这类问题在禁牧休牧的配套政策中比较突出，如针对禁牧区的整体搬迁，集中对牧民进行养殖奶牛、舍饲圈养、温棚种植等产业安置，但牧民因缺乏相应技能和无力应对市场变化，返贫、破产的并不少见。[③]

（3）没有体现牧户意愿的差异性，目前的草场生态补偿以国家为实施主体，"自上而下"的实施过程缺乏牧户在各个决策环节的参与，使得政策并不能满足牧户的意愿，影响了生态补偿政策的效果。[④] 在生态补偿政策的实施过程中，补偿的金额和方式考虑了国家和地方的财政能力、草场的植被生产力、地区的差异性等，却没有体现牧户的直接参与。[⑤] 针对牧户尺度研究的文献显示，牧户是生态补偿政策的直接作用对象，牧户的响应直接决定了生态补偿政策的效果。牧户个体的年龄、受教育程度、畜牧业生产经验，[⑥] 家庭的结构、生产方式、牲畜规模、收入来源，草场资源的质量、面积、距离市场的远近等方面，都会影响牧户对于政策的响应。

---

① 姜冬梅、薛凤蕊：《"退牧还草"工程实施中面临的问题与对策研究》，《北方经济》2006年第11期；曹叶军、刘天明、李笑春：《草原生态补偿机制核心问题探析——以内蒙古锡林郭勒盟草原生态补偿为例》，《中国草地学报》2011年第6期。

② 曹叶军、刘天明、李笑春：《草原生态补偿机制核心问题探析——以内蒙古锡林郭勒盟草原生态补偿为例》，《中国草地学报》2011年第6期。

③ 荀丽丽：《"失序"的自然——一个草原社区的生态、权力与道德》，社会科学文献出版社2012年版。

④ 邢纪平：《牧户对退牧还草政策的响应及其影响因素分析》，博士学位论文，新疆农业大学，2008年；严江平等：《甘南黄河水源补给区生态补偿农户参与意愿分析》，《中国人口资源与环境》2012年第4期。

⑤ 曹叶军、刘天明、李笑春：《草原生态补偿机制核心问题探析——以内蒙古锡林郭勒盟草原生态补偿为例》。

⑥ 王小鹏、赵成章等：《基于不同生态功能区农牧户认知的草地生态补偿依据研究》，《中国草地学报》2012年第3期；洪冬星：《西部地区草原生态建设补偿机制及配套政策研究》，博士学位论文，内蒙古农业大学，2012年。

比如，赵爱桃与刘天明针对宁夏退牧还草地区的牧户调查发现，教育水平是影响牧户政策响应方式的较为显著的因素；[①] 巩芳等对内蒙古33个牧业旗县的牧民调查显示，牲畜的饲养方式和与旗政府所在地的距离是影响牧户受偿意愿的主要影响因素；[②] 王小鹏等对农牧交错、干旱草原、荒漠草原、高寒草原四种草原类型上的牧户的调查显示，在对退牧还草生态补偿政策的认知、生态补偿标准和期望的认知及补偿方式的偏好等方面，不同类型草原上生活的牧民有较大的差异。[③]

（4）还有一些关于政策实施过程中的问题的研究，比如政策实施的阶段性没有形成预期的长效机制，"工程"式的推进方式只是解决了牧民生计和草场生态的短期问题等，[④] 这里不再赘述。对于上述问题的解决办法，这些研究所提出的改善方案依旧是沿着现有的生态补偿的思路，在现有政策框架内进行完善，如明确生态补偿的标准、提高资金支持力度、加强牧民的技能培训、提高牧民在决策中的话语权等。[⑤]

第一类观点认为生态补偿政策没有达到预期效果的原因是既有的生态补偿理论存在问题，因此在既定框架内的改善并不能解决现有的问题，甚至有可能造成更多的问题。持这类观点的研究者普遍认为现有的政策错误地处理了草场和牧民之间的关系，同时注意到了草原生态补偿政策下，"解决一个问题，造成更多问题"的现象，如对水资源的过度开采、耕地面积的扩大以及外来者破坏现象的增加等。Jiang认为目前的生态政策将生态建设等同于草场植被的恢复，据此所实施的"种树""种草""家庭牧场"等集约化的措施，与干旱区草场的生态环境并不适应，即这种政策方

---

① 赵爱桃、刘天明：《退耕退牧还草农牧户的社会认知与政策响应》，《中国草地学报》2008年第1期。

② 巩芳、长青、王芳：《内蒙古草原生态补偿标准的实证研究》，《干旱区资源与环境》2011年第12期。

③ 王小鹏、赵成章等：《基于不同生态功能区农牧户认知的草地生态补偿依据研究》，《中国草地学报》2012年第3期。

④ 曹叶军、刘天明、李笑春：《草原生态补偿机制核心问题探析——以内蒙古锡林郭勒盟草原生态补偿为例》，《中国草地学报》2011年第6期。

⑤ 严江平等：《甘南黄河水源补给区生态补偿农户参与意愿分析》，《中国人口资源与环境》2012年第4期；姜冬梅、薛凤蕊：《"退牧还草"工程实施中面临的问题与对策研究》，《北方经济》2006年第11期。

式并无益于解决社会及生态之间的问题，因此只能达到短期的效果，而在长期将会对草场生态景观造成负面影响。① Yin 和 Zhao 对我国的生态补偿政策进行分析，认为由于生态补偿政策是有条件的补偿，即以资源/土地利用方式的转变作为补偿的标准，但对于很多生态系统来说，尤其在复杂的社会生态相互作用之下，这种资源/土地利用方式的转变往往与生态系统服务产生之间缺乏直接的因果关系，从而造成生态补偿政策的非预期、非线性的影响。② 韩念勇在《草原的逻辑》一书中针对我国的草场生态补偿政策指出，生态补偿缺乏对生态系统背景的了解，草和畜也不仅仅是简单的对立关系，现行政策单纯以禁牧和休牧为手段，打破了草畜本应共生互利的长期关系，缺乏对干旱区草场自然生态特点的理解，而为了实现禁牧休牧目标所采取的集约化生产会导致更加严重的草场破坏。③ 陈文烈等认为现行的生态补偿政策缺少对"过牧"根源的考虑，过牧与草原地区的制度安排和政治背景密切相关，仅通过补偿的方式减少牲畜数量，也只能达到治标不治本的效果。目前这种以牧民与草原剥离作为主导思想，简单剥离式的生态保护只是将生态问题随人口和产业的转移转嫁到了其他领域。④ 此外，一些文章还认为目前的生态补偿理论过度强调外部性视角，过度依赖基于经济激励的解决途径，这无意中肢解了底层社会的治理，片面地将草场作为纯公共物品进行管理的方式，增加了牧区对于外部的依赖。Li 等同样也指出，生态补偿理论忽略了牧区社会生态系统作为一个整体的复杂性，牧民与草场之间不仅仅是利用与被利用的关系，因此只强调单一生态服务功能的恢复，按照当前的补偿方式可能会引起更多的生态风险。目前这类研究的数量相对较少，但是其对问题本质的剖析为理解生态补偿政策实施的现状提供了新的思路，因此在此思路下形成的政策建议与

①　Jiang, H., "Decentralization, Ecological Construction, and the Environment in Post - Reform China", *World Development*, Vol. 34, No. 11, 2006.

②　Yin, R., Zhao, M., "Ecological Restoration Programs and Payments for Ecosystem Services as Integrated Biophysical and Socioeconomic Processes—China's Experience as an Example", *Ecological Economics*, Vol. 73, 2012.

③　韩念勇：《草原的逻辑》，北京科学技术出版社 2011 年版。

④　陈文烈、吴茜茜：《基于草原生态补偿政策的国家与牧民视角变异逻辑探寻》，《民族经济研究》2014 年第 1 期。

第一类有明显差异，其更加强调传统草原畜牧业在保护草场生态中的作用、牧民与草场之间的关系，以及生态补偿政策如何保障草原畜牧业的可持续发展。[①]

三　已有研究不足

无论从草场生态补偿的政策效果，还是对目前存在问题的原因分析，国内学者都进行了大量的研究，但同时也存在以下几个问题：

（1）从政策效果的研究内容来看，目前学者更多关注项目区内的生态变化，或者项目区外的社会经济变化，而未将这种生产生活方式所产生的长期社会及生态影响考虑在内。无论是文献研究还是实地调研都显示，生态补偿政策所造成的生态方面压力转移是一个普遍现象，尤其是禁牧休牧前提下对传统草原畜牧业的改变，更加强调集约化生产，往往在生态效果方面显现为"解决一个问题，造成其他问题"，比如几乎所有的禁牧和休牧背后都伴随着牧户的集中、饲草料地或者耕地的开垦以及对干旱区水资源的大量开采，但是现有的研究并未对这一现象进行深入的探讨。这一问题的有效回答，有赖于对系统不同尺度状态及相互关系的理解，因此多尺度的研究极为必要。

（2）从政策影响的评价来看，国内外的研究目前主要关注社会及生态状态指标的评价，而对于生态及社会过程的机制研究不足，只有揭示机制层面的变化才能了解生态补偿政策的长期影响。生态补偿政策是否可以解决目前草场社会和生态系统之间的矛盾，取决于政策影响下牧户生产及生活的改变是否与干旱区生态系统的特点相协调，即在于具体的生态及社会过程作用机制，而不仅仅体现在一些短期的植被、收入的状态指标上。尤其是上文提及，集约化的生产方式往往造成水资源的大量消耗，目前的研究并未体现政策对于目标地区限制性水资源的影响程度。

（3）从生态补偿政策存在问题的研究来看，对于生态补偿效果持负面观点的学者更多从牧区社会生态系统的视角出发，分析了现行生态补偿政

---

① Li Yanbo, Fan Mingming, Li Wenjun, "Application of Payment for Ecosystem Services in China's Rangeland Conservation Initiatives: a Social – Ecological System Perspective", *The Rangeland Journal*, Vol. 37, No. 3, 2015.

策对这一系统内在保护机制所造成的负面影响，强调了"人—草—畜"系统内部结构和相互作用关系在维持草场生态功能中的重要作用，但是缺乏具体的研究证据支撑。

（4）从生态补偿的政策建议来看，目前一部分学者强调现有政策执行方面的继续完善和改进，而另外一部分学者则强调生态补偿政策自身的诸多缺点。前者缺乏对现有问题的深入剖析，因此仅对政策执行进行完善可能造成错误政策的延续或者加强；而后者则更多关注政策思路本身的缺陷，缺乏可行有效的政策建议。

第四节　研究目的、内容、意义、思路及方法

一　研究目的

本书研究主要有三个目的：（1）对生态建设项目的多尺度影响进行系统性的评估；（2）理解干旱草原区社会生态系统的等级尺度结构及社会生态系统服务产生的机理；（3）进而反思干旱区草原生态建设项目为何失效，并为制度改进提出建议。

二　研究思路

本书从草场生态补偿政策中的实际问题出发，提炼并梳理其中的学术问题进行分析和研究，以全面评价我国草场生态补偿政策的社会及生态影响，并提出相应的政策建议。具体的研究思路如图2－4所示，首先针对生态补偿政策的效果进行评价，发现现行的生态补偿政策并没有达到其预期恢复草场生态和发展牧区经济的目标，反而可能出现"解决一个问题的同时，出现更多问题"的现象。那么，该如何评价生态补偿政策的效果？单一尺度问题的解决对其他尺度的影响是什么？为了回答这些问题，本书对生态补偿的相关理论进行了研究，并基于社会生态系统理论建立了跨尺度的政策影响分析框架；在此基础上，通过两个典型草场生态补偿政策的案例研究，对干旱区草场生态补偿政策的跨尺度影响进行了分析；最后，从社会生态系统的视角提出了草场生态补偿的设计思路，试图为现有政策出现的问题提供解决方案。

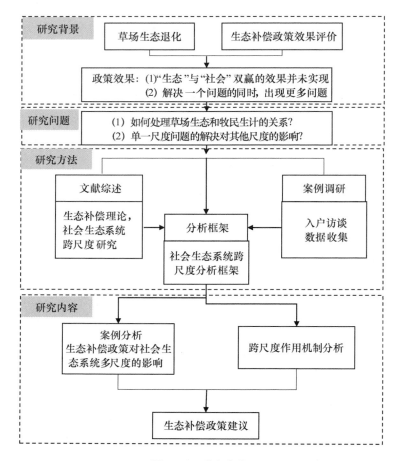

图 2-4 分析框架

三 研究意义

本书的现实意义体现在三个方面。

（1）研究内容：对我国草场生态补偿政策影响的研究内容是一个重要补充。生态补偿政策所造成的压力转移是普遍现象，但是现有的研究并未对这一现象及其影响进行深入探讨。本书通过建立理论分析框架，从机理上分析生态补偿政策对草场社会生态系统的影响机制，并且以两个典型政策为基础进行翔实的案例研究，丰富了现有的研究内容。

（2）生态补偿政策评价：以禁牧休牧为主要手段的生态补偿政策已经

成为我国草场生态治理的主要措施，对政策客观、准确地评价极为必要。目前关于草场生态补偿政策的评价主要还是基于政策既定目标对象尺度的评价，但是基于此的评价结果可能忽略了政策在其他尺度的影响，并不利于生态系统和社会系统的长期可持续。本书关注生态补偿政策对社会生态系统多尺度造成的影响，有助于全面了解政策的效果。

（3）政策建议：对生态补偿政策的多尺度影响分析为我国未来的草场治理政策改进提供了参考。政策改进和完善的基础在于对政策效果的全面了解，以及对问题存在根源的洞悉。本书通过对生态补偿政策对草场社会生态系统影响的跨尺度机制研究，为生态补偿政策的改进提供了依据。此外，"解决一个问题的同时，出现更多问题"往往是环境政策的通病，本书的研究也能够对这一广泛存在的问题的解决提供借鉴思路。

本书主要有三个方面的理论意义。

（1）生态补偿理论：提出了"社会生态系统服务"的概念，以强调生态补偿政策在设计和实施阶段了解和研究目标系统复杂性的重要性。生态补偿已经成为我国治理生态问题的主要手段，但是目前的研究对于其理论背后所存在的问题缺乏剖析。本书评估总结了生态补偿理论争议的前沿研究，并根据我国草场生态补偿政策施行的实际情况，指出了生态补偿政策往往会造成外部不当干预的治理视角，对草场社会和生态系统之间的关系理解不当，从而导致政策的失效。以此提出用"社会生态系统服务"的概念代替"生态系统服务"，从而强调理解目标系统社会及生态过程复杂性的重要性。

（2）研究方法：为研究政策的多尺度影响提供了可供参考的分析框架。不少学者提出了社会生态系统复杂性的重要性，但是却没有提供有效的研究方法。社会生态系统虽然具有复杂的社会及生态过程，但是却具有规律性的等级结构，因此本书将尺度作为了解和解构复杂社会生态系统的工具，提出了跨尺度的政策影响分析框架。

（3）评价思路：干旱区具有其特殊的自然社会特点，水资源作为限制性资源，对于社会生态系统的可持续发展起着至关重要的作用。稀缺的水资源是制约人与自然关系的关键，区域发展资源制约因素的识别，对干旱区的发展决策具有重大影响意义。在农业或者林业的大农区研究背景下，土地通常是制约因素，因此单位土地面积的生产率可以反映资源的利用效率。虽然牧区在现在的政策语境下属于大农业的范畴，但是该地区的资源制约因素是水而非土地，继续沿用以土地为资源制约因素的农业生产效率评价方法和思路会直接导致决策失误。因此，本书选取水资源作为主要的评价指标，转变以往研究者和决策者的评价思路，凸显干旱区的社会生态系统特征。

四　研究方法

本书主体采用了一般性的理论分析和案例分析相结合的方法，案例地为内蒙古阿拉善左旗和新疆博尔塔拉蒙古自治州精河县。

（1）文献分析。本书通过文献计量的方法对生态补偿政策的社会及生态效果进行了分析和总结。第二章，通过系统的文献梳理，总结了生态补偿研究领域的前沿成果，着重综述了生态补偿领域内对社会和生态二者之间关系的研究，并进行评述。

（2）定性分析框架。本书在文献综述和逻辑分析的基础上，借鉴社会生态系统理论，提出了政策影响分析的跨尺度分析框架，用于研究生态补偿政策对我国干旱区草场社会生态系统产生的影响。

（3）实地调研。2008—2012 年，笔者对实施生态补偿政策的地区进行了深入的调研，地点包括内蒙古地区的呼伦贝尔市、锡林郭勒盟、鄂尔多斯市、赤峰市、阿拉善盟，以及新疆地区的博尔塔拉蒙古自治州、塔城地区，涵盖了高山草原、典型草原、荒漠草原等多种草原类型，涉及休牧、禁牧、生态移民、舍饲圈养等多种形式的补偿政策。共对 261 个牧户，及各地的政府部门进行了访谈，整理调研记录 50 余万字。通过半结构式访谈和调查问卷的方式，对牧户家庭基本情况、畜牧业生产情况、参与生态补偿政策的背景、牧户生计变化以及生态效果感知进行了调查，获得了大量的第一手资料。

（4）案例分析。草场生态补偿政策在我国的草原牧区广泛实行，但相比而言，干旱区草场被认为是生态退化最严重的地区，也是生态补偿政策实施的核心地区。因此，在广泛实地调研的基础上，本书选取了内蒙古阿拉善左旗和新疆博尔塔拉蒙古自治州精河县作为案例地进行具体分析。两个案例地具有显著的代表性，两地均为干旱区，且受生态补偿相关政策影响巨大，生态补偿政策的推行已经成为继草场承包以来对牧户生计和草场管理影响最大的事件。其中阿拉善左旗是我国实施禁牧最早、禁牧面积最大的旗县；新疆精河县实行季节性休牧配合饲草料地开垦，该县查干莫墩村是北疆地区的"成功样板"，对于新疆畜牧业发展和生态补偿政策的推广均具有重要意义。

（5）对比分析。在阿拉善左旗禁牧区，分析了生态补偿政策实施前后牧户生产方式改变所造成的生态及社会影响，生态方面包括资源利用情况的变化，如资源的种类、使用量等，社会方面包括收入水平、生产风险等。此外，在精河县的案例研究中，本书不仅纵向对比了休牧定居政策实施前后同一村庄内的社会及生态状况，还横向对比了不同村庄之间的社会及生态状况。

第五节　概念界定

由于本书特定的研究背景和内容，为了便于具体问题的讨论，需要对几个重要的概念进行说明和界定，具体如下：

（1）干旱区：指年降水量低于年潜在蒸发量 2/3 的土地，包括干旱亚湿润（降水量与年潜在蒸发量之比在 0.5 与 0.6 之间）、半干旱、干旱，以及极端干旱区（降水量与年潜在蒸发量之比小于 0.05）。干旱区的主要特点是受水分条件制约，主要用途是发展畜牧业，包括放牧和饲草种植。

（2）草原与草场：草原是一个生态学概念，指在周期性水分不足而无地下水供应情况下的一些旱生或旱中生植物所组成的植物群落，其生存方式是由所在地区自然条件决定的，是在较长的历史时期内形成的，因此在地球表面上占据着一定的自然地带；[①] 草场是管理领域的概念，特指有人类畜牧业活动影响的草原。因此，在本书中，特指生态系统时采用草原一词，其他情况均使用草场。

（3）草场生态补偿政策：本书所使用的草场生态补偿政策，主要是指

---

① 陈佐忠、汪诗平：《中国典型草原生态系统》，科学出版社 2000 年版。

以现金或者实物的方式对牧民减少牲畜数量或者放弃畜牧业进行补偿，以达到恢复草场生态和维持或者改善牧民生计目的的相关政策。由于在实际政策实施过程中的相互依赖性，草场生态补偿政策并不是一个孤立的政策，而是为"减少天然草场放牧压力"以现金、实物或者替代性生计的方式进行补偿的一系列政策的组合。具体的草场生态补偿政策包括以下几个方面：休牧禁牧，主要是在国家的退牧还草工程中，鼓励牧民减少天然草场的牲畜数量，由此造成的经济损失通过现金的方式进行补偿；生态移民，鼓励牧民脱离畜牧业生产，搬迁到其他地区进行生产生活，并对这部分牧民给予现金、实物，以及就业机会等方面的补偿。通常情况下，禁牧与生态移民政策同时实施，休牧与饲草料基地的建设同时实施。

（4）草场社会生态系统（Rangeland Social and Ecosystem Systems，以下简称 RSESs）：以牧民为主体的人类要素（包括制度、基础设施、文化等）和其生活与利用的草原生态要素（包括地理、气候、生物等）相互作用而共同构成的复杂系统，该概念更加注重社会和生态系统之间的相互作用与反馈。

第二部分　理论与方法

第三章 生态补偿理论、研究进展
及概念重构

　　生态补偿理论起源于环境经济学，在近 20 年的时间内被广泛用于生态系统保护的实践中。但是，实践效果与理论预期上的差距使得人们越来越意识到理论的局限性，尤其在处理社会和生态系统二者关系的方面。生态补偿试图通过经济手段重塑资源利用者和生态系统之间的关系，形成保护生态系统的激励机制，但是却由于其过度简化了生态和社会系统内部及二者之间关系的复杂性而很难达到预期的效果，甚至会造成二者关系的恶化从而导致对生态系统的进一步破坏。本章首先介绍了生态补偿理论的发展过程及其逻辑，对其概念及相关理论研究点进行阐述；在此基础上，在理论层面对生态补偿的争议从三个方面进行综述；最后对现有的研究进行评述，认为"生态系统服务"能否提供取决于社会和生态系统内部及之间的关系，并提出"社会生态系统服务"的概念，强调生态补偿的对象应该是社会生态系统作为一个整体所能提供的服务，其本质在于社会生态系统结构与功能的完整。

第一节 生态补偿理论

一 生态补偿理论的发展过程

　　生态补偿理论起源于环境经济学，并在近 20 年内被广泛运用，生态补偿成为生态保护的重要手段之一。在国外相关的研究中，生态补偿通常用 Payment for Ecosystem Services（简称 PES）一词，或者 Payment for Environmental Services（简称为 PES），即生态系统/环境服务付费，前者的运用更为广泛。本书中为与我国的政策语境一致，均采用"生态补偿"一词。总体来看，生态补偿理论的发展与构建过程是基于以下三个阶段：即生态系统服务概念的提出，生态系统服务价值评估，以及生态系统服务市场机制的构建。

生态系统服务（Ecosystem Services，ESs）的概念最早产生于20世纪70年代，最初的目的是将生态系统功能构建为人类可获益的服务，从而引起公众对于生态系统及生物多样性保护的关注。① 生态系统服务概念的提出，将不同尺度的社会系统与生态系统连接起来，并且强调了社会系统对生态系统的依赖性。在这一阶段，生态系统服务的概念仅是用于更加形象地表征生态系统功能，而并没有在生态保护的实践领域内产生重要的影响。②

20世纪末期，Costanza等人在 Nature 杂志上的文章首次评估了全球生态系统服务价值，将生态系统服务的价值评估研究推向生态经济学研究的前沿，在该研究领域具有里程碑的意义。③ 随后的千年生态系统评估、基于各国和各类生态系统的生态服务经济价值评估，④ 使生态系统的价值越来越多地以货币的形式出现在公众面前。生态系统功能非市场价值的货币化表示，引起了政策制定者对生态保护的极大关注，也为生态补偿在实际中的应用奠定了基础。

2000年之后，在生态系统服务价值评估的基础上，生态补偿迅速成为生态系统及生物多样性保护的主要手段。⑤ 生态补偿的逻辑是，在明晰产权的基础上，通过市场机制将生态系统服务货币化，可以激励资源使用者

---

① Westman, W. E., "How Much are Nature's Services Worth?" *Science*, Vol. 197, No. 4307, 1977.

② Norgaard, Richard B., "Ecosystem Services: From Eye – Opening Metaphor to Complexity Blinder", *Ecological Economics*, Vol. 69, No. 6, 2010.

③ Costanza, R., d'Arge, R., de Groot, R., "The Value of the World's Ecosystem Services and Natural Capital", *Nature*, Vol. 387, No. 6630, 1997.

④ 欧阳志云、郑华：《生态系统服务的生态学机制研究进展》，《生态学报》2009年第11期。

⑤ Erik Gómez – Baggethun, Groot, R. D., Lomas, P. L., et al., "The History of Ecosystem Services in Economic Theory and Practice: From Early Notions to Markets and Payment Schemes", *Ecological Economics*, Vol. 69, No. 6, 2010.

形成保护生态的意识并付诸行动。[①] 如图 3-1 所示，在现有的资源利用状态下，资源使用者的收益 A 大于保护状态下的收益 B，但是却给他人带来诸如生物多样性减少、土地退化等多方面的其他成本。当采取保护行为的时候，虽然有利于他人成本的降低，但是资源使用者自身的收益减少，因此不会产生保护的动力。如果生态系统服务的受益者用收益 C 来弥补或者提高资源使用者在保护行为中的损失，那么就会形成保护生态的激励机制，从而达到生态和收益双赢的效果。生态补偿被当做一种保护生态系统的正面激励机制，生态系统服务的受益者向提供者支付费用，既能够鼓励资源使用者主动保护生态环境，又能使社会整体所获得的生态服务价值高于支付费用，因此政策实施具有成本效益。[②]

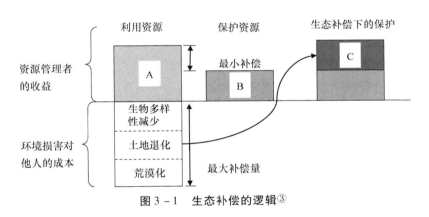

图 3-1　生态补偿的逻辑[③]

　　鉴于在理论分析上的诸多优势，生态补偿已经成为保护或者恢复生态系统功能的主要政策手段，被应用于森林生态系统服务、碳汇、生物多样

　　① Wunder, S., *Payments for Environmental Services: Some Nuts and Bolts*, Indonesia: CIFOR Occasional Paper, No. 42, 2005; Stefanie Engel, Stefano Pagiola, Sven Wunder, "Designing Payments for Environmental Services in Theory and Practice: An Overview of the Issues", *Ecological Economics*, Vol. 65, No. 4, 2008.

　　② Joshua Farley, Robert Costanza, "Payments for Ecosystem Services: from Local to Global", *Ecological Economics*, Vol. 69, No. 11, 2010.

　　③ Stefanie Engel, Stefano Pagiola, Sven Wunder, "Designing Payments for Environmental Services in Theory and Practice: An Overview of the Issues", *Ecological Economics*, Vol. 65, No. 4, 2008.

性保护、流域生态系统服务等众多领域。① 1996 年《哥斯达黎加森林法（修订）》第 75 条规定，森林提供的环境服务应当得到报酬，这些服务包括：减少温室气体、保护城乡及水电水源、保护生物多样性、保护自然景观，② 1997 年哥斯达黎加建立了全国范围内的森林生态服务补偿体系，目的是恢复森林覆盖率，保护流域生态环境。进入 21 世纪之后，尤其是伴随着后京都议定书时代的到来，森林碳汇的生态补偿项目在美洲国家广泛开展，如在玻利维亚、墨西哥、厄瓜多尔、哥斯达黎加等地，通过明确生态补偿的提供方与购买方，既可以减少森林的砍伐，又可以确保森林管理社区的利益不受到损害。③ 津巴布韦将生态补偿运用到当地的野生动物保护中，将发展生态旅游和狩猎活动的收入用于补偿当地社区在其中受到的损失。④ 在流域的管理中，生态补偿也成为协调上下游关系的重要手段，美国纽约市政府为了满足联邦水环境标准的要求，不是直接建立污水处理厂，而是通过生态补偿的方式付费给 Catskill 流域上游的农场主，让他们减少污水排放。⑤

综上所述，可以将生态补偿的发展过程总结为：通过生态系统服务的概念重构人和自然之间的关系，以货币化的衡量方式在社会活动中体现生态系统的价值，并最终将其纳入社会经济系统之中作为生态或者经济政策的依据。

---

①　Natasha Landell - Mills, Ina T. Porras, *Silver Bullet or Fools' Gold*, London：International Institute of Environment & Development, 2002, p. 11.

②　Stefano Pagiola, Joshua Bishop, Natasha Landell - Mills, Selling Forest Environmental Services：Market - Based Mechanisms for Conservation and Development, Earthscan, 2002.

③　Nigel M. Asquith, Maria Teresa Vargas, Sven Wunder, "Selling Two Environmental Services：In - Kind Payments for Bird Habitat and Watershed Protection in Los Negros, Bolivia", *Ecological Economics*, Vol. 65, No. 4, 2008；Stefano Pagiola, "Payments for Environmental Services in Costa Rica", *Ecological Economics*, Vol. 65, No. 4, 2008；Sven Wunder, Montserrat Alban, "Decentralized Payments for Environmental Services：the Cases of Pimampiro and PROFAFOR in Ecuador", *Ecological Economics*, Vol. 65, No. 4, 2008；Esteve Corbera, Carmen González Soberanis, Katrina Brown, "Institutional Dimensions of Payments for Ecosystem Services：An analysis of Mexico's Carbon Forestry Programme", *Ecological Economics*, Vol. 68, No. 3, 2009.

④　Peter G. H. Frost, Ivan Bond, "The CAMPFIRE Programme in Zimbabwe：Payments for Wildlife Services", *Ecological Economics*, Vol. 65, No. 4, 2008.

⑤　靳乐山、李小云、左停：《生态环境服务付费的国际经验及其对中国的启示》，《生态经济》2007 年第 12 期。

二　生态补偿：概念及讨论

各领域的学者对生态补偿的概念都进行过讨论，其概念最早出自环境经济学领域，也是目前为止被引用最多的定义，即"生态补偿是建立在某一清晰界定的生态系统服务的基础上，提供者和购买者之间的自由交易，它包括五个方面的内容：（1）自愿交易；（2）对生态系统服务有清晰的定义；（3）存在至少一个买家；（4）存在至少一个生态系统服务提供者；（5）生态系统服务的有效提供"[1]。这一定义基于科斯经济学的基本理论解决外部性问题，强调了生态补偿的市场激励，生态系统服务的提供者和购买者之间进行自愿交易。[2]

然而在实际操作过程之中，学者们发现 Wunder 所定义的纯粹市场机制过于理想，由于生态系统服务的外部性、生态过程及社会过程的复杂性，对于大多数的生态服务来说并不存在这样一个纯粹的市场。[3] 从生态系统服务生产的角度，由于气候、环境、人为干扰等多方面的作用，生态系统服务的提供具有很强的时空异质性和动态变化性，很难像其他商品一样保证稳定的供应；[4] 从生态系统服务购买的角度，只有少数类似 CDM 项目的交易受益者是直接的购买者，而如生物多样性、气候调节等服务，受益者往往数量众多，因此只能是政府或者一些机构组织成为唯一的购买者；[5] 从价格形成的角度，生态系统服务的价格并不能由经典经济学中的

① Wunder, S., *Payments for Environmental Services: Some Nuts and Bolts*, Indonesia: CIFOR Occasional Paper, 2005, p. 6.

② Stefanie Engel, Stefano Pagiola, Sven Wunder, "Designing Payments for Environmental Services in Theory and Practice: An Overview of the Issues", *Ecological Economics*, Vol. 65, No. 4, 2008.

③ Roldan Muradian, Laura Rival, "Between Markets and Hierarchies: The Challenge of Governing Ecosystem Services", *Ecosystem Services*, Vol. 1, No. 1, 2012; Muradian, R., Arsel, M., Pellegrini, L., et al., "Payments for Ecosystem Services and the Fatal Attraction of Win – win Solutions", *Conservation Letters*, Vol. 6, No. 4, 2013.

④ Brendan Fisher, R. Kerry Turner, Paul Morling, "Defining and Classifying Ecosystem Services for Decision Making", *Ecological Economics*, Vol. 68, No. 3, 2009.

⑤ Robin J. Kemkes, Joshua Farley, Christopher J. Koliba, "Determining When Payments are An Effective Policy Approach to Ecosystem Service Provision", *Ecological Economics*, Vol. 69, No. 69, 2010.

供给和需求来决定，而很大程度上受政策、财政、政治等方面的影响。①
Muradian 也从三个方面质疑了 Wunder 的定义②：经济激励在很多情况下并
不是生态系统服务提供的主要因素，还有诸如信仰之类的内在激励；买家
和提供者之间的交易往往不是直接进行的，如很多地区国家作为购买者，
不是进行交易而往往是提供一些社会服务或者基础设施建设；并不是所有
的生态服务都能够明确定义。因此，Muradian 重新对这一概念进行了定
义："在自然资源的管理过程中，为了使个人/集体的土地利用决策与社会
利益达到一致，而在社会成员之间所进行的资源分配。"③ 这一定义更加强
调生态系统的可持续以及资源的正义分配，而不是将经济激励放在首位。

　　Vatn 从制度的角度进行分析，认为生态补偿虽然试图建立一种纯粹的
市场机制，但是事实表明在此过程中，具体实施更加依赖社区或者国家的
参与。例如，明晰生态系统服务提供者土地产权需要公共参与、降低交易
成本通常只有通过国家担任购买者才能实现。因此，生态补偿可以看作为
了提供生态系统服务，社会成员之间采取的集体行动，其形式上是市场手
段和政府命令控制手段的组合。④

　　而在我国，一般将生态补偿定义为以保护和可持续利用生态系统服务
为目的，以经济手段为主调节相关者利益关系的制度安排。⑤

　　可见，虽然各方学者对定义的侧重点有所不同，但是对于生态补偿的
设计来说，可以总结为以下三个方面内容：（1）目标确定：所需的生态系
统服务，即对于购买者/提供者来说，购买/提供的对象是清晰的；（2）利
益相关者的确定：通过生态系统服务外部性的影响范围，确定参与的利益

　　①　Kent H. Redford, William M. Adams, "Payment for Ecosystem Services and the Challenge of Saving Nature", Conservation Biology, Vol. 23, No. 4, 2009.

　　②　Roldan Muradian, Esteve Corbera, Unai Pascual, et al., "Reconciling Theory and Practice: An Alternative Conceptual Framework for Understanding Payments for Environmental Services", Ecological Economics, Vol. 69, No. 6, 2010.

　　③　Roldan Muradian, Esteve Corbera, Unai Pascual, et al., "Reconciling Theory and Practice: An Alternative Conceptual Framework for Understanding Payments for Environmental Services", Ecological Economics, Vol. 69, No. 6, 2010.

　　④　Arild Vatn, "An Institutional Analysis of Payments for Environmental Services", Ecological Economics, Vol. 69, No. 6, 2010.

　　⑤　中国生态补偿机制与政策研究课题组：《中国生态补偿机制与政策研究》，科学出版社2007 年版。

相关者，即生态系统服务的提供者和购买者；（3）实现途径：在生态系统服务提供者与购买者之间进行利益分配。

三 理论研究点

现有生态补偿的主要研究热点包括生态补偿的标准、补偿过程中的交易成本、成本有效性（cost – effectiveness）与公平、补偿方式及可持续性等方面。

生态补偿的标准是生态补偿实际运用中需要解决的基础问题，根据Wunder等人对于生态补偿的分析，当补偿的金额大于生态系统服务提供者的机会成本，小于生态系统服务本身的价值时，则可以同时对购买者和提供者形成有效的激励。[1] 因此，目前有关生态补偿标准的讨论主要集中在两个方面，一个是机会成本的确定，另一个是生态系统服务的价值评估。关于机会成本，国内外研究发现，补偿对象异质性及买卖双方的信息不对称两个问题，使得生态补偿的标准往往不能体现公平与效率。但是，由于机会成本的核算更为简便，所以目前绝大多数的生态补偿标准都属于基于机会成本的补偿，如尼加拉瓜草牧生态系统补偿以最佳土地利用价值作为标准，[2] 哥斯达黎加生态补偿项目用造林的机会成本作为标准，[3] 我国的草场生态补偿政策则利用牧户的放牧损失作为标准。而对于生态系统服务的价值评估，目前的研究方法包括基于供求关系的直接市场法、支付意愿法、受偿意愿法等。

补偿标准是建立补偿机制的基础，而交易成本是生态补偿实践过程中需要考虑的核心问题，很大程度上决定了项目设计能否有效进行。在很多发展中国家，缺乏完整制度框架、明晰产权安排和利益分配机制是生态补

---

[1] Stefanie Engel, Stefano Pagiola, Sven Wunder, "Designing Payments for Environmental Services in Theory and Practice: An Overview of the Issues", *Ecological Economics*, Vol. 65, No. 4, 2008; Wunder S., *Payments for Environmental Services: Some Nuts and Bolts*, Indonesia: CIFOR Occasional Paper, No. 42, 2005.

[2] Pagiola, S. and E. Ramírez, et al., "Paying for the Environmental Services of Silvopastoral Practices in Nicaragua", *Ecological Economics*, Vol. 64, No. 2, 2007.

[3] Sanchez – Azofeifa, G. A., et al., "Costa Rica's Payment for Environmental Services Program: Intention, Implementation, and Impact", *Conservation Biology*, Vol. 21, No. 5, 2007.

偿机制面临的主要问题。而在这种情况下，如何降低政策执行过程中的交易成本则需要重点考虑，研究表明在这些地区更多的社区参与和集体行动才能降低交易成本。[①] 因此，当社区层面被包含在生态系统服务提供者中时，生态补偿机制建立后的交易成本以及监督执行成本都能够有效地降低。

　　成本有效性是政策开发和运用的重要标准，生态补偿政策作为全球性的环境政策工具，其目的在于在资金约束条件下获取最大的环境收益/效益。成本有效性的研究需要明确两个方面，即生态系统服务的清晰定义以及生态系统服务的价值评估标准。[②] 首先，生态系统服务在很多项目中难以明确定义，因为其与生态系统的结构和过程有关，并且直接受到地理、气候、人类活动的影响，因此很多实践过程中采用土地利用方式的变化等同为生态系统服务的提供，导致理论的计算结果往往与实际保护效果相去甚远。[③] 与此同时，目前缺乏对生态系统服务合理的核算与评估标准，因此导致补偿资金使用效率难以衡量，进而影响通过市场手段有效提供生态系统服务。[④] 公平往往与上述的成本有效性同时成为研究者的关注目标，尤其是生态补偿项目通常发生在发展相对落后的地区，在相关的研究中更加强调在公平前提下的成本有效性。[⑤]

　　生态补偿政策的可持续性越来越受到学者及政策制定者的重视，能否通过生态补偿实现生态系统服务的长期有效供给是很多实践项目面临的主

---

　　① Roldan Muradian, Esteve Corbera, Unai Pascual, et al., "Reconciling Theory and Practice: An Alternative Conceptual Framework for Understanding Payments for Environmental Services", *Ecological Economics*, Vol. 69, No. 6, 2010; Arild Vatn, "An Institutional Analysis of Payments for Environmental Services", *Ecological Economics*, Vol. 69, No. 6, 2010.

　　② Timm Kroeger, "The Quest for the 'Optimal' Payment for Environmental Services Program: Ambition Meets Reality, with Useful Lessons", *Forest Policy and Economics*, Vol. 37, No. 12, 2013.

　　③ 李文华、张彪、谢高地：《中国生态系统服务研究的回顾与展望》，《自然资源学报》2009年第1期。

　　④ Paul J. Ferraro, "Asymmetric Information and Contract Design for Payments for Environmental Services", *Ecological Economics*, Vol. 65, No. 4, 2008.

　　⑤ Crystal Gauvin, Emi Uchida, Scott Rozelle, et al., "Cost - Effectiveness of Payments for Ecosystem Services with Dual Goals of Environment and Poverty Alleviation", *Environmental Mannagement*, Vol. 45, No. 3, 2010; Nicole D. Gross - Camp, Adrian Martin, Shawn McGuire, et al., "Payments for Ecosystem Services in an African Protected Area: Exploring Issues of Legitimacy, Fairness, Equity and Effectiveness", *ORYX*, Vol. 46, No. 1, 2012.

要问题。生态补偿政策的可持续性主要受到几个方面的影响：（1）生态补偿项目的实施与生态效果之间的关系：如果在项目期内没有实现生态系统的改善或者效果不佳，那么购买者则不愿意进行继续支付；① （2）生态补偿的实施方式：一些研究表明，基于个体的补偿方式往往具有较低的交易成本，在项目初期有较高的接受程度，但是基于当地社区组织能力建设的生态补偿，更容易得到当地居民的广泛理解和支持，形成保护生态的长效机制，提升补偿计划的可持续性；② （3）是否具有可替代性的生活方式或者资源：以保障当补偿项目停止的时候，资源使用者不会回归到原有的资源使用方式上。③

第二节　对生态补偿的理论争议

生态补偿的逻辑简单清晰，并且相比以往的生态保护手段，有诸多优点：在制度设计上更加简单；对于购买者经济上更加有效；对于生态系统服务的提供者来说，增加现金流，生计方式多样化，可以为生态保护提供更多的资金来源。④ 但是，不少研究者指出，正是因为这种处理社会和生态之间矛盾的简单化逻辑，生态补偿很多情况下并不能激励或者产生保护生态的行为，反而会对生态系统以及资源使用者造成更多的负面影响。从生态补偿的发展过程来看，生态系统服务概念的提出、生态系统服务的货币化价值评估以及生态补偿的具体实践，都反映出如何理解社会和生态二者之间的关系，这种对于社会和生态系统关系的假设前提越来越受到众多学者的质疑。本节总结了对生态补偿质疑的相关观点，并将其总结为如下三点。

---

① Ferraro, P. J. and A. Kiss, "Direct Payments to Conserve Biodiversity", *Science*, Vol. 298, No. 5599, 2002.

② Stefanie Engel, Stefano Pagiola, Sven Wunder, "Designing Payments for Environmental Services in Theory and Practice: An Overview of the Issues", *Ecological Economics*, Vol. 65, No. 4, 2008; Joshua Farley, Robert Costanza, "Payments for Ecosystem Services: from Local to Global", *Ecological Economics*, Vol. 69, No. 11, 2010.

③ Pagiola, S. and E. Ramírez, et al. , "Paying for the Environmental Services of Silvopastoral Practices in Nicaragua", *Ecological Economics*, Vol. 64, No. 2, 2007.

④ Pattanayak, S. K. , "Show Me the Money: Do Payments Supply Environmental Services in Developing Countries?" *Review of Environmental Economics and Policy*, Vol. 4, No. 2, 2010.

一 生态系统服务与生态系统功能的区别

针对"生态系统服务",一些学者认为这是一个"以人类为中心"的概念,忽略了其他非人类所需的生态系统功能,在生态补偿项目中往往要求明确的生态系统服务,这会使生态系统面临潜在的风险。[1] 生态系统服务的产生最初是为了强调人类社会对生态系统的依赖性,生态系统服务往往是利于人类的、积极的、正面的,但是实际上,洪水、疾病、火灾等对于生态系统功能的维持具有重要作用,而往往不纳入"生态系统服务"的范畴。因此,在生态系统服务的概念之中,社会和生态系统之间大多数情况还是一种利用与被利用的关系,一方面可以被人类利用的被称为"服务",另一方面这种服务会因为人类的利用而受到损害。

正如 Boyd 所说,生态系统服务是受益依赖的(benefit dependent),人们对受益的偏好决定生态系统服务的范围,鉴于在理论分析上的诸多优势,生态补偿已经成为保护或者恢复生态系统功能的主要政策手段,被应用于森林生态系统服务、碳汇、生物多样性保护、流域生态系统服务等众多领域。比如,一条河流既可以提供清洁的水源,也可以作为游憩的场所,还可以作为水电能源的来源,这些都是对人类有益的服务功能,而最终如何管理这条河流取决于人们更偏好哪一种服务。而不同的管理方式对生态系统所造成的影响显然是不同的。因此,如图 3 - 2 所示,生态系统服务并不是生态系统状态的客观表现,二者之间也没有直接的因果关系。但是,在生态补偿理论发展和应用的过程中,生态系统服务逐渐成为评价整个生态系统的指标,即生态系统服务的供给越多代表生态系统状态越理想。因此,当用经济手段激励仅人类所需的"生态系统服务"时,实际是在试图控制有限的变量来为人类提供稳定的服务。[2]

然而,成功控制单一变量极有可能导致系统在其他时空尺度变量的变

① James Boyd, Spencer Banzhaf, "What are Ecosystem Services? The Need for Standardized Environmental Accounting Units", *Ecological Economics*, Vol. 63, No. 2, 2007.

② Kent H. Redford, William M. Adams, "Payment for Ecosystem Services and the Challenge of Saving Nature", *Conservation Biology*, Vol. 23, No. 4, 2009.

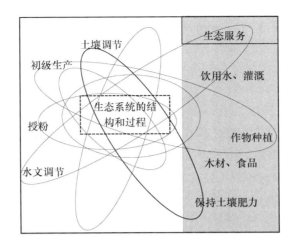

图 3 - 2　生态系统服务与生态系统结构和过程示意图

资料来源：作者整理绘制。

化，从而对生态系统其他非人类需要的生态系统功能造成破坏。① 以下一些案例也说明了追求单一或者某种生态系统服务对生态系统的影响。Peterson 等人通过模型模拟湖泊管理的时候发现，以淡水输出、灌溉、娱乐等生态服务为目标的管理模式，最终会导致该湖泊生态系统的崩溃。② 比如，在强调某些生态系统的碳汇功能时，人们用固碳能力强的单一物种取代了原有的生物多样性，虽然提高了碳汇的服务功能，但却不利于整体系统的持续。③

二　生态系统服务商品化对生态系统功能的损害风险

在如何体现生态系统对于社会系统的贡献方面，生态补偿将生态系统服务进行了货币化的衡量，并以此为依据进行社会决策。但与此同时，生

① C. S. Holling, Gary K. Meffe, "Command and Control and the Pathology of Natural Resource Management", *Conservation Biology*, Vol. 10, No. 2, 1996.

② G. D. Peterson, S. R. Carpenter and W. A. Brock, "Uncertainty and the Management of Multistate Ecosystems: An Apparently Rational Route to Collapse", *Ecology*, Vol. 84, No. 6, 2003.

③ Chan, Kai M. A., Pringle, Robert M., Ranganathan, Jai, et al., "When Agendas Collide: Human Welfare and Biological Conservation", *Conservation Biology*, Vol. 21, No. 1, 2007.

态补偿将生态系统服务简化为单一的货币化价值，进行物质化、商品化的交易，忽略了生产生态系统服务的基础——生态系统功能，有可能造成生态系统功能的损害和生物多样性的丧失。

以生态服务作为商品进行交换的模式，遵循的是一种"通过买卖进行保护"的逻辑，这并不能触碰到生态问题产生的本质。目前，生态环境的破坏很大程度上是经济全球化对于货币资本积累的崇拜，以至于忽略了生态系统中其他非货币化的价值所导致的。① 因此，将生态服务作为商品进行交易的时候，难免又陷入资本积累的怪圈中，最大化生产可以用货币衡量的生态系统服务中，造成生态系统功能失衡。②

Peterson 等人从马克思的政治经济学角度，认为生态系统服务的商品化有可能造成对生态系统功能的破坏。③ 马克思指出，自从工业革命以来，工人在劳动力市场中被雇佣，工人与资本家达成协议，同意出售劳动力/时间，以获取足够的工资。作为工资协议的一部分，工人的劳动力/时间被购买了，被雇佣者所拥有，用于生产某种东西。工人用自己的体力、通过工具将原材料变为产品，当产品在某个市场以一定的价格交换的时候就变成了商品。商品的价值由使用价值和抽象的货币表现的交换价值决定。商品由一个普适性的衡量单位——货币，一个让交易变成可能的符号——来等价。马克思认为，为了利润出售商品，势必会造成对原材料、工具、劳动力的远离，以至于交换价格不能被轻易计算。因此，市场价格掩盖了劳动力以及其他资源对于商品的贡献。当生态系统服务作为商品时，生态系统中的生物因素就成为劳动力，生态系统服务成为生产商品所需的劳动力的替代物。因此，对于生态系统服务市场的讨论应该包括，提供服务的生物因素，或者"生态系统工人"，可以将原材料（矿物质、纤维、能量、

① Benno Pokorny, James Johnson, Gabriel Medina, et al., "Market – Based Conservation of the Amazonian Forests: Revisiting Win – Win Expectations", *Geoforum*, Vol. 43, No. 3, 2012.

② Peterson, Markus J., Hall, Damon M., Feldpausch – Parker, Andrea M., et al., "Obscuring Ecosystem Function with Application of the Ecosystem Services Concept", *Conservation Biology*, Vol. 24, No. 1, 2010.

③ Peterson, Markus J., Hall, Damon M., Feldpausch – Parker, Andrea M., et al., "Obscuring Ecosystem Function with Application of the Ecosystem Services Concept", *Conservation Biology*, Vol. 24, No. 1, 2010.

营养）转化为组织，所以它可以生存和繁殖，从而生产出人类所需的商品，或者生态系统服务。正如市场中的其他商品，生产的逻辑会掩盖"生态系统工人"和原材料的痕迹。对"生态系统工人"的忽视，以及用货币对其进行替代，与生态系统服务重构生态系统功能和生物多样性的初衷背道而驰。

生态系统服务的商品化过程简化了生态系统的内部组分和生态过程的复杂性，这种建立在不完全信息上的保护方式并不能达到目的。[1] 在生态补偿的实施过程中，一般以对自然资源（或者土地）的产权明晰为前提，[2] 以便生态服务提供者和受益者之间的交易。从生态系统的角度，这种产权上的明晰将生态系统的功能和过程分割成了不同的交易单元，但是却忽略了某一单元内的生态功能或者过程是依赖于其他单元实现的，人为的物理意义上的分割有可能增强某一种生态系统服务的供给，但是却损害了生态系统的整体性。[3] 如在欧盟的农业环境计划中，将农场主作为公共物品的提供者进行补偿，以此来保护生物多样性，但是基于农场尺度的个体补偿，并没有实现将景观作为整体进行管理，因此一些学者提出了"聚集奖励"（Agglomeration bonus）的方式寻求重新整合个体牧场主的途径。[4] 生态经济学家将自然生态系统当作一个固定的存量，将生态系统服务比喻为使人类受益的流量，并且生态服务只是若干流量中的一部分，[5] 因此它只代表了生态系统在某一时间和空间上的产出，而不能代表生态系统的状态。[6]

①　Roldan Muradian, Laura Rival, "Between Markets and Hierarchies: The Challenge of Governing Ecosystem Services", *Ecosystem Services*, Vol. 1, No. 1, 2012.

②　Arild Vatn, "An Institutional Analysis of Payments for Environmental Services", *Ecological Economics*, Vol. 69, No. 6, 2010.

③　Kosoy, N. A. S. and E. Corbera, "Payments for Ecosystem Services as Commodity Fetishism", *Ecological Economics*, Vol. 69, No. 6, 2010.

④　Parkhurst, G. M., Shogren, J. F., Bastian, C., et al., "Agglomeration Bonus: An Incentive Mechanism to Reunite Fragmented Habitat for Biodiversity Conservation", *Ecological Economics*, Vol. 41, No. 2, 2002.

⑤　Erik Gómez – Baggethun, Groot, R. D., Lomas, P. L., et al., "The History of Ecosystem Services in Economic Theory and Practice: From Early Notions to Markets and Payment Schemes", *Ecological Economics*, Vol. 69, No. 6, 2010; Norgaard, Richard B., "Ecosystem Services: From Eye – Opening Metaphor to Complexity Blinder", *Ecological Economics*, Vol. 69, No. 6, 2010.

⑥　Admiraal, J. F. and A. Wossink, et al., "More Than Total Economic Value: How to Combine Economic Valuation of Biodiversity with Ecological Resilience", *Ecological Economics*, Vol. 89, 2013.

三   经济激励对个体内在保护机制的"挤出/挤入效应"

生态补偿试图通过经济激励的方式，使社会群体产生保护生态或者停止生态破坏的行为，但是基于市场机制的经济激励所造成的社会结果是复杂的，尤其对于一些依赖自然资源生存的社区，外部经济激励可能对原有内在的保护和利用机制造成"挤出效应"，影响生态保护的效果。在长期依赖自然资源为生的社区，其内部所形成的社会规范、宗教文化、制度安排等均与资源的保护和利用密切相关，一些案例研究也证实这些内在的正式与非正式的规则使得这些地区避免了公地悲剧，保持了生态系统的长期可持续性。[①]

动机	收益	来源	社会背景	制度背景
纯粹的利他主义	无	内部	自我标准	个人价值
一般的利他主义	自我形象/社会和谐			
公平/信任	自我形象/社会和谐			
他人认可	声誉			社会 规范
互惠	一报还一报			
正式激励	金钱/避免惩罚	外部	社会标准	正式制度

图 3 - 3   公共物品提供的激励机制类别及特点

资料来源：Reeson, A., & Tisdell, J., "When Good Incentives Go Bad: An Experimental Study of Institutions, Motivations and Crowding Out", Paper presented at the AARES 50th Annual Conference, Sydney.

根据保护动机内在性的强弱和收益特点，Reeson 等人将公共物品或者服务的提供动机分为如图 3 - 3 所示的几种形式，分别是纯粹的利他主义、一般的利他主义、公平/信任、他人认可、互惠、正式激励，并通过实验模拟的方式验证了在已存在内在保护动机的人群中增加外部经济激励，存

---

① ［美］埃莉诺·奥斯特罗姆：《公共事务的治理之道》，上海三联书店 2000 年版。

在挤出内部机制的效应，对生态保护产生长期的负面影响。[①] Bowles 通过经济学实验的方式也证明了这一观点：市场机制鼓励竞争与个人主义，这种基于市场逻辑的制度能够塑造人的意识形态、价值观和行为方式，从而可能会破坏先前基于道德、文化、合作、互惠、社会关系的保护意愿等。[②]内在机制嵌套在群体的社会生活中，具有持久性和自我约束能力，而现行的生态补偿激励往往来自社区外部，如政府、组织或者私人企业等，"挤出效应"会使得外部经济激励停止时，生态保护的行动无以为继，形成"no pay，no care"的现象。[③] 有的学者也将其称为"补偿逻辑的困境"，即只有当补偿金额越来越多的时候，保护生态并提供生态系统服务的行为才会持续。

此外，将生态系统服务货币化并进行交易的过程，会形成复杂的社会响应，利益群体对于收益、公平、权利的感知变化会对生态保护的效果产生显著的影响[④]。在生态服务的价格制定、交易等过程中，一般生态服务的购买者（企业、组织或者政府）具有占绝对优势的信息和话语权。在这种情况下所形成的补偿机制，会使生态服务的提供者产生抵抗、消极、愤怒、质疑等不确定的反应，导致不理想的生态保护效果。

第三节　"生态系统服务补偿"（PES）造成的理论和政策误区

一　现有研究评述

从上述研究的内容来看，对于生态补偿的理论研究热点主要侧重于生态补偿的实施层面，涉及一些技术性问题的解决，如补偿标准如何确定、

---

① Reeson，A.，& Tisdell，J.，"When Good Incentives Go Bad：An Experimental Study of Institutions，Motivations and Crowding Out"，Paper Presented at the AARES 50th Annual Conference，Sydney.

② Bowles，S.，"Policies Designed for Self – Interested Citizens May Undermine 'The Moral Sentiments'：Evidence from Economic Experiments"，*Science*，Vol. 320，No. 5883，2008.

③ Fisher J.，"No Pay，No Care？A Case Study Exploring Motivations for Participation in Payments for Ecosystem Services in Uganda"，*Oryx*，Vol. 46，No. 1，2012.

④ Kosoy，N. A. S. and E. Corbera，"Payments for Ecosystem Services as Commodity Fetishism"，*Ecological Economics*，Vol. 69，No. 6，2010.

政策成本效益等。与此同时，对于生态补偿的争议也不断增加，比如关注生态与社会系统之间的关系以及社会生态系统对于政策响应方面的复杂性（图 3 - 4）。对于上述争议，本书认为其关键的意义在于，无论是社会系统还是生态系统，生态补偿在设计与实施的过程中需要了解目标系统的复杂性，并且意识到生态补偿机制简单逻辑背后的复杂社会生态系统关系。

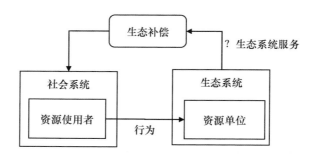

图 3 - 4　生态补偿对社会生态系统的作用机制

资料来源：作者整理绘制。

实际上，本书认为生态补偿的有效实施有赖于两个层面问题的解决，首先是生态系统服务的生产问题，其次是生态系统服务的提供问题。第一个问题的解决，源于资源利用社区（通常是生态系统服务补偿对象）与生态系统之间的关系，取决于其内在的作用机制，这里我们称之为生态补偿需要解决的"一阶问题"（first - order）。第二个层面的问题，需要进一步处理资源利用社区和外部社会之间的关系，即通过怎样的外部干预可以促使社区保持某种理想的利用资源的状态，这里称之为生态补偿需要解决的"二阶问题"（second - order）。因此，生态补偿政策应该首先理解社会生态系统的内部作用机制，即目标社会生态系统如何产生所需的服务，然后通过外部经济激励的政策设计保持这种理想的状态，即解决二阶问题。但是，从目前生态补偿的研究热点来看，更多的学者关注的是二阶问题的解决方案，如补偿标准的确定，生态补偿成本效益等问题，而很少讨论一阶问题。或者说将一阶问题简化为人与资源之间利用与被利用的关系，即限制人类对资源的利用即可达到保护生态系统的目的，并提供人类所需要的生态系统服务。而有关生态补偿理论的争议，则反映出越来越多的学者开始意识到目前研究及实践中的问题，社会生态系统内部的复杂性及对外部干预响应的多样性。

　　生态补偿作为解决生态问题外部性的手段，其重要意义已经被各领域学者及政策决策者们所肯定，尤其在欠发达地区，生态补偿的优势更加明显。但需要注意的是，生态补偿作为一种解决外部性的手段，经常会将外部性的解决转化为一种简单化的外部干预，尤其是当政府作为补偿方和资本相结合时，这种外部干预的弊端就会更加显著，其结果就是忽视目标社会生态系统的复杂性与差异性。① 这种不当外部干预通常的表现是采取"一刀切"的做法处理纷繁复杂的社会和生态问题，而缺乏对内部资源使用者、生态过程及其相互作用关系的剖析。因此，生态补偿的目标虽然是通过经济手段激励资源使用者的保护行为，但是实际上却往往因为这种外部不当干预的视角，导致目标系统不能够被完全理解，如上文提及的补偿标准、补偿方式、补偿时限和范围等一般均由政府决定，补偿对象的参与程度很低。其结果通常是将目标系统内的关系和相互作用简单化，并可能导致与预期相反的效果。在这个问题上，斯科特在其《国家的视角：那些试图改善人类状况的项目是如何失败的》一书中做了详细的阐述，其中包括自然项目和社会项目，作者详细论述了以国家项目为代表的不当外部干预如何简化目标系统，最终导致试图改善人类生活状况的项目如何失败。②

　　此外，现有关于生态补偿的争议一般局限在单纯的社会系统或者单纯的生态系统的讨论中，而缺乏将二者作为整体进行考虑的研究。一直以来生态系统服务一般被理解为人类从生态系统所获得的直接或者间接的收益，这一概念引起了人们对于生态保护的重视，同时人类活动也一直被视为生态系统服务受损的主要原因，因此生态政策往往过度关注人类对生态系统造成的负面影响。③ 但实际上，纯自然的、无人类干扰的生态系统很少存在，人类活动直接影响生态系统的结构、功能和动态，关注以往长期

---

　　① 韩念勇：《草原的逻辑》，北京科学技术出版社 2011 年版。

　　② ［美］詹姆斯·C. 斯科特：《国家的视角：那些试图改善人类状况的项目是如何失败的》，社会科学文献出版社 2004 年版。

　　③ Charles L. Redman, J. Morgan Grover, Lauren H. Kuby, "Integrating Social Science into the Long‐Term Ecological Research（LTER）Network: Social Dimensions of Ecological Change and Ecological Dimensions of Social Change", *Ecosystems*, Vol. 7, No. 2, 2004.

的人类活动影响对生态系统的塑造过程，对于生态系统的保护同样重要。[1]
因此，越来越多的学者开始提出一些新的表述，如"文化景观生态系统服
务"（cultural landscapes ecosystem services）、"社会生态服务"（Social - ec-
ological services），以表征人类活动对于生态系统服务产生的作用。[2] 基于
以上认识和分析，本书认为采用"社会生态系统服务"一词代替目前所使
用的"生态系统服务"，能够在理论上避免仅强调生态系统而忽视社会系
统及二者之间的关系，所导致的不当政策干预。

二　"社会生态系统服务补偿"的概念构建

这里所指的"社会生态系统服务"（Social Ecological Systen Service）是
指人类能够从某些特定的社会生态系统（比如人—草—畜所构成的草场社
会生态系统，强调"社会"一词）中所获得的直接或者间接的收益。提出
这一概念，目的不是否定传统"生态系统服务"的概念或者创造一个新的
概念，而是通过此概念在生态补偿设计及实施的过程中对于认识和处理生
态和社会之间关系，强调两个方面：第一，区别以往单纯强调人类对生态
系统负面干扰的生态治理思路，突出人类的文化、经济活动、观念等对维
持生态系统结构和过程的重要作用。如 Peterson 等人将生态系统中生物与
非生物因素比作"生态系统工人"一样，认为人在某些生态系统中也担任
了生产生态系统服务的功能角色，在类似的生态系统中，人不仅是生态系
统服务的受益者，也是生态系统服务的生产者。第二，突出社会生态系统
自身动态及对政策响应的复杂性，生态补偿从理论上解决了社会生态系统
服务产生的外部性问题，即通过外部资金、实物等补偿的方式购买服务，
但却缺乏对如何产生生态系统服务的内部机制——社会及生态系统的相互

---

[1]　Charles L. Redman, J. Morgan Grover, Lauren H. Kuby, "Integrating Social Science into the Long - Term Ecological Research（LTER）Network：Social Dimensions of Ecological Change and Ecological Dimensions of Social Change", *Ecosystems*, Vol. 7, No. 2, 2004.

[2]　Lynn Hunstsinger, José L. Oviedo, "Ecosystem Services are Social - Ecological Services in a Traditional Pastoral System：the Case of California's Mediterranean Rangelands", *Ecology & Society*, Vol. 19, No. 1, 2014.

作用是怎样的研究。①

　　生态系统服务的可持续提供本质上反映了生态系统内部结构、生态过程和生境完整性。② 与之类似，社会生态系统服务的本质在于社会生态系统内部的结构、结构要素之间相互作用，并最终通过服务的方式体现出来，而人往往在其中起到了关键的作用。由人类所组成的社会系统与生态系统嵌套在一起，相互作用之下共同决定了整体系统的状态，以及人类所需的服务的产生，所以如果以社会生态系统服务作为生态补偿的目标，必须要了解社会生态系统的结构、反馈关系、相互作用机制。

　　以本书所研究的草场社会生态系统为例，传统草原畜牧业是干旱区最主要、最普遍的生产方式，人、草、畜三者构成了该系统的主要结构，"逐水草而居"概括了社会生态系统的特点和作用机制，其中"水草"代表了干旱区草场的自然生态特点，而"逐"代表了社会系统与生态系统之间的作用方式。在大多数自然资源利用的过程中，人与资源之间的关系是利用与被利用的关系，比如渔业捕捞、森林砍伐、水资源利用（水资源量的使用与污染排放）等，在这些人类活动过程中，自然资源因人类的消耗而受到影响，反之限制人类活动有助于生态系统保持在一个健康的状态，因此旨在限制人类活动的政策往往对生态系统的恢复有直接的正面影响。但是，与这些自然资源的利用过程不同，牧民并非草场资源的直接利用者，而是通过牲畜与草场发生作用，一方面畜牧业是一项人类的社会经济活动，同时牲畜的采食也是一项生态过程。部分学者在研究中认为，家畜及野生动物的采食对于维持草场生态系统的健康至关重要，牲畜和牧草的关系不是简单的采食与被采食的关系，而是在一定范围内（理想的载畜量范围内）的共生和相互促进的关系，过度放牧确实会造成草场的退化，但是欠牧同样会引发草场生态健康问题。

　　因此，本书提出草场生态治理过程中，"人—草—畜"（草原畜牧业）是维持生态系统可持续的基本结构，生态系统并非处于完全无干扰的状

---

① Peterson, Markus J., Hall, Damon M., Feldpausch‐Parker, Andrea M., et al., "Obscuring Ecosystem Function with Application of the Ecosystem Services Concept", *Conservation Biology*, Vol. 24, No. 1, 2010.

② 欧阳志云、郑华：《生态系统服务的生态学机制研究进展》，《生态学报》2009 年第11 期。

态，即并非由纯粹的生态系统生产出所需的服务功能，而是应考虑社会系统在其中的作用，是一种"社会生态系统服务"。在这一社会生态系统中，具体的牲畜和植被的反馈关系、人对牲畜的管理和牲畜对牧民的经济支撑作用，以及牧民对草场的管理等内部的作用机制是更为本质的关系，是"服务"产生的基础。这种观点虽然在以往的研究中有所体现，① 但是却缺乏系统的论述与证据的支撑。目前的生态补偿政策，将禁牧作为恢复草原退化严重地区的主要措施，其假设是排除牧民及牲畜的干扰，即可以恢复草场生态。那么，这样的政策如何作用于目标的社会生态系统，以及产生怎样的影响机制？对于这一问题的研究有助于我们进一步理解草场社会生态系统内部的关系，尤其突出牧民及牲畜这些社会因素在维持草场生态健康中的作用。与生态系统服务的补偿不同，以社会生态系统服务作为补偿的对象不是排除人为因素对生态系统的干扰，而是考虑如何维持人利用资源的活动，保持一种理想的人与自然的反馈状态，因此会形成不同的政策思路。

---

① 韩念勇：《草原的逻辑》，北京科学技术出版社 2011 年版。

第四章 社会生态系统及跨尺度
分析框架的构建

"社会生态系统服务"这一概念，旨在强调在生态补偿政策等生态治理手段中的对目标系统的深入了解，重视社会及生态过程的相互作用和复杂性。在自然资源管理领域，尤其是一些人类直接依赖自然资源为生的地区，学者们越来越意识到社会系统与生态系统是一个耦合的复杂系统，并且对解决这类问题已经有了初步的共识，即不存在"万能药"，有效方案的前提在于了解社会生态系统的复杂性。[①] 因此，了解社会生态系统的相互关系，以及探讨如何实现系统的良性耦合，在此基础上提出资源管理的方法成为研究的热点。本章的研究在于回答三个问题：社会生态系统的结构特点是什么？尺度为什么是分析社会生态系统的有效工具？以及如何利用尺度进行分析？

第一节 社会生态系统及其相关理论

一 社会生态系统的概念

社会生态系统（Social – Ecological Systems，SES）是一个由社会和生态系统嵌套组成的、具有等级结构和复杂相互作用和反馈关系的系统，可

---

① Anderies, J. M. and M. A. Janssen, et al., "A Framework to Analyze the Robustness of Social – ecological Systems from an Institutional Perspective", *Ecology and Society*, Vol. 9, No. 1, 2004; Ostrom, E., "Understanding Transformations in Human and Natural Systems", *Ecological Economics*, Vol. 49, No. 4, 2004; Folke, C., "Resilience: The Emergence of A Perspective for Social – Ecological Systems Analyses", *Global Environmental Change*, Vol. 16, No. 3, 2006; Ostrom, E., "A General Framework for Analyzing Sustainability of Social – Ecological Systems", *Science*, Vol. 325, No. 5939, 2009.

以为人类社会提供诸如食物、能量、水等物质及生态系统服务。① 在相关领域的研究中，社会生态系统的概念有多种提法，如环境社会系统（Environmental – Social System）、复合适应系统（Complex Adaptive System）、人与环境系统（Human – Environment System）、耦合人类自然系统（Coupled Human and Natural Systems）等。② 尽管表述不同，但是社会生态系统概念的提出，旨在引起研究者对社会和生态两个系统之间复杂关系的重视，强调生态系统管理相关领域中跨学科、多尺度研究的重要性。

二　社会生态系统相关理论

社会生态系统理论的相关研究很多，从不同的研究角度及学科可以分为 16 个分析框架。③ 目前，关于社会生态系统的复杂性及跨尺度动态的研究主要集中在三个领域：以领军人物 Ostrom 为代表的公共池塘资源学派，该学派提出了一个一般性的社会生态系统分析框架，用于解释与分析自然资源管理过程中的制度安排、系统动态；以华人生态学家刘建国为代表的耦合社会生态系统理论，从空间、时间、组织三个尺度层面，研究社会生态系统的复杂动态，以及系统不同尺度的耦合关系；以弹性联盟（Resilience Alliance）为代表的社会生态系统弹性理论，该理论在 Holling 提出的弹性概念基础上，提出了适应性循环分析框架及扰沌模型，用于描述社会生态系统的多尺度动态变化。

公共池塘资源理论

目前，在该领域影响力最大的是制度经济学家 Ostrom，她从制度设计的角度提出了管理自然资源中政府和市场之外的第三条道路，即基于社区的自组织治理。在 Ostrom 提出公共池塘资源概念，并建立起其理论框架和研究方法以后，大量的研究工作开始在此框架下展开，这些研究都将注意力集中于自然资源使用者群体——尤其是社区如何管理自然资源，其关注

① Ostrom，E.，"A General Framework for Analyzing Sustainability of Social – Ecological Systems"，*Science*，Vol. 325，No. 5939，2009.

② Rammel，C.，Stagl，S.，Wilfing，H.，"Managing Complex Adaptive Systems—A Co – evolutionary Perspective on Natural Resource Management"，Ecological Economics，Vol. 63，No. 1，2007.

③ Binder，C. R.，Hinkel，J.，Bots，P.，et al.，"Comparison of Frameworks for Analyzing Social – ecological Systems"，*Ecology and Society*，Vol. 18，No. 4，2013.

的核心是哪些因素促进或者妨碍了社区进行有效的自然资源管理，其中有相当多的注意力放在了如何促进社区成员的合作/集体行动的达成上。随着研究的深入，Ostrom 注意到在资源管理的过程中，并不存在一种"万能药"，问题解决的关键在于理解社会和生态系统中的复杂联系和互动关系。她提出自然资源管理的研究需要接受而不是拒绝社会生态系统的复杂性，建立多尺度的等级分析框架，并将不同层级的问题考虑在内，这样才能避免资源管理政策中迷信"万能药"的通病。①

　　因此，Ostrom 提出了一个嵌套的社会生态系统分析框架（Social – Ecological Systems Framework，SESF），如图 4 – 1 所示，该框架试图将社会系统与生态系统作为一个整体来分析，并强调社会生态系统内部的层级结构及相互作用关系。如表 4 – 1 所示，Ostrom 认为 SESs 应包含资源系统、资源单位、管理系统和资源使用者 4 个核心子系统。这个分析框架注意到了在全球化和气候变化的背景下，系统之间的连通性增强，同时也开始强调政治经济社会背景以及其他相联系的生态系统对研究的社会生态系统的影响。② 这一框架一般来说，可以用于解决三个问题：（1）在自然资源管理方面，哪些制度或者规则有利于系统的可持续；③（2）社会生态系统是否需要外部干预？（3）外界干扰对于社会生态系统的影响有多大？

　　同时，由于系统内部各要素之间的复杂联系，Ostrom 认为社会生态系统中问题的解决需要超越简单的预测模型，因此她将上述 4 个核心子系统的二级指标进行梳理，给出了一个具体的社会生态系统诊断框架，并强调了不同子系统之间的联系与相互作用。2009 年，Ostrom 将该诊断框架进行了完善，增加了自组织行为、网络关联行为和部分衡量可持续发展的指

　　① Ostrom, E., "A Diagnostic Approach for Going Beyond Panaceas", *Proceedings of the National Academy of Sciences of the United States of America*, Vol. 104, No. 39, 2007.

　　② Brondizio, E. S., E. Ostrom and O. R. Young, "Connectivity and the Governance of Multilevel Social – Ecological Systems: The Role of Social Capital", *Annual Review of Environment and Resources*, Vol. 34, No. 1, 2009.

　　③ Basurto, X., et al., "The Social – Ecological System Framework as A Knowledge Classificatory System for Benthic Small – Scale Fisheries", *Global Environmental Change*, Vol. 23, No. 6, 2013, p. 1366; Hunt, L. M., Sutton, S. G., Arlinghaus, R., "Illustrating the Critical Role of Human Dimensions Research for Understanding and Managing Recreational Fisheries Within A Social – Ecological System Framework", *Fisheries Management and Ecology*, Vol. 20, No. 2 – 3, 2013, pp. 111 – 124.

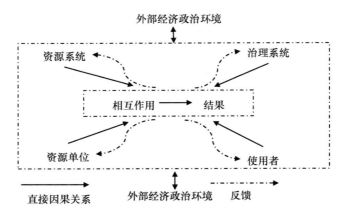

图 4-1   社会生态系统分析框架

标。SES 俱乐部的学者最新的研究中，进一步明确了一级结构中不同尺度之间的关系，如资源单位和资源系统之间的相互作用，以及将资源使用者（users）改为行动者（actors），此外还对一些二级变量进行了修改。

表 4-1   社会生态系统分析框架下的二级变量

社会、经济和政治背景（Settings, S.）
S1 经济发展、S2 人口趋势、S3 政治稳定性、S4 政府资源政策、S5 市场激励、S6 媒体组织

资源系统（Resources System, RS）	管理系统（Governance System, GS）
RS1 资源部门（如水、渔业、森林等）	GS1 政府组织
RS2 系统边界的清晰度	GS2 非政府组织
RS3 资源系统的大小	GS3 网络结构
RS4 人造设施	GS4 产权系统
RS5 系统生产力	GS5 操作规则
RS6 平衡性	GS6 集体选择规则
RS7 系统的可预测性	GS7 宪法规则
RS8 资源储存特征	GS8 监督和惩罚机制
RS9 位置	

续表

社会、经济和政治背景（Settings, S.）

S1 经济发展、S2 人口趋势、S3 政治稳定性、S4 政府资源政策、S5 市场激励、S6 媒体组织

	资源使用者（Users, U）
	U1 资源使用者数量
资源单位（Resources units, RU）	U2 资源使用者的社会经济特征
RU1 资源单元移动性	U3 使用历史
RU2 增长或更新速率	U4 位置
RU3 资源单元间的相互作用	U5 领导力或企业管理能力
RU4 经济价值	U6 规范或社会资本
RU5 单元数量	U7 有关 SES 的知识或思维模式
RU6 明显的标记	U8 资源重要性
RU7 时空分布	U9 技术

相互作用（I）→结果（O）

I1 不同使用者的收获水平	
I2 使用者间的信息共享	
I3 商议过程	O1 社会表现力衡量
I4 使用者间的冲突	（如效率、公平、责任和可持续性）
I5 投资活动	O2 生态表现力衡量
I6 游说行为	（如过度捕捞、弹性、生物多样性和可持续性）
I7 自组织行为	O3 对其他 SESs 的外部性
I8 交流活动	

相关生态系统（Related ecosystems, ECO）

ECO1 气候模式、ECO2 污染模式、ECO3 核心 SES 的流动

资料来源：Ostrom, E., "A General Framework for Analyzing Sustainability of Social – Ecological Systems", *Science*, Vol. 325, No. 5939, 2009.

　　Ostrom 的 SES 分析框架为研究社会生态系统的状态及存在问题提供了方法，其最大的意义在于指出了分析社会生态系统过程中应该注意的 4 个核心子系统及其之间的相互作用，为该领域的分析提供了清晰的框架。但是该分析框架在后续的研究中并没有得到广泛的应用，原因主要在于该框

架所列出的二级指标过多且缺乏透彻的分析，如具体指标如何衡量，[①] 以及相互作用如何发生与产生什么样的影响。

人类与自然耦合系统理论

此外，一些生态学家也意识到将社会因素纳入生态学研究的重要性，并将其称为人类与自然耦合系统（Coupled Human and Natural Systems），该领域的研究更加注重社会和生态系统相互作用的方式和过程。其中，在该领域最具影响力的是华人生态学家刘建国，他在期刊 Science 上发表的文章通过六个案例的研究，归纳了社会生态系统的耦合关系，[②] 即存在阈值的非线性动态（nonlinear dynamics with thresholds）、相互反馈（reciprocal feedback loops）、时间滞后（time lags）、弹性（resilience）、异质性（heterogeneity）和突变（surprises）。刘建国等人将社会生态系统之间的耦合关系分为三种：组织耦合、时间耦合和空间耦合，[③] 作为分析社会生态系统的一般框架，并指出在研究人类自然耦合系统中需要一种跨越组织、时间和空间尺度的、分层次的新的分析范式。并且，这种新的范式并不是单纯地进行多元化尺度研究，更重要的是分析不同尺度之间的过程，如局部过程对系统整体的累积效应，以及大尺度的现象如何在小尺度内的结构和功能中得以表现和反馈。近期，刘建国等人将研究尺度进一步扩大，提出了远程耦合（Telecoupling）的概念和研究方法，综合考虑社会经济与环境系统间的作用机制，并将发送、接收和溢出系统纳入远程耦合系统，用于分析人口迁移、旅游、贸易、物种扩散、技术转移、投资等耦合过程，并强调了今后人与自然耦合系统的远程耦合研究中多尺度系统间对比研究的重要性[④]。对社会因素的考虑为生态学研究提供了新的视角，但从目前的研究进展来看，对于社会因素的研究并不深入，仅停留在较宏观的层面。

---

① 王羊、蔡运龙、刘金龙等：《公共池塘资源可持续管理的理论框架》，《自然资源学报》2012 年第 10 期。

② Jianguo Liu, Jane Lubchenco, Elinor Ostrom, et al., "Complexity of Coupled Human and Natural Systems", Science, Vol. 317, No. 5844, 2007, pp. 1513 – 1516.

③ Liu, J., et al., "Coupled Human and Natural Systems", AMBIO, Vol. 36, No. 8, 2007, pp. 639 – 649.

④ Liu, J., V. Hull, M. Batistella, R. DeFries, et al., "Framing Sustainability in a Telecoupled World", Ecology and Society, Vol. 18, No. 2, 2013, p. 26.

弹性理论

弹性是目前社会生态系统研究中较为领先的一个理论。弹性的概念早已有之，最初引入生态学领域是因 Holling 在 1973 年的研究证实了自然系统中多稳态（multiple stability domains）或者是多吸引域（multiple basins of attraction）的存在，系统应对干扰并维持某一状态的能力被 Holling 称作弹性。弹性理论认为任何系统都不能仅在单一的尺度上进行理解和管理，系统的结构与功能跨越多个尺度。[①] 如图 4 - 2 所示，每一个水平的系统都有一组控制因子，在自己的尺度内经历适应性循环周期，但同时又镶嵌在更慢、更大的尺度中，同时还通过更快、更小的周期而得以发挥功能。[②]

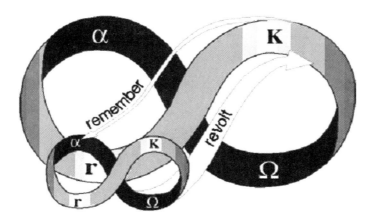

图 4 - 2　扰沌——连接不同尺度适应性循环的层级结构

r：增长；K：稳定；Ω：释放；α：重组

在弹性理论中，学者们用"扰沌"（panarchy）一词强调系统中跨尺度的影响。在研究者所感兴趣的尺度（通常包括时空两个维度）上，社会生态系统进行着适应性循环。但同时，这一系统又是由运行于不同尺度的并且相互联系的适应性循环的层级结构构成的。这些系统在每一个尺度的形

---

① Walker, B., Gunderson, L., Kinzig, A., et al., "A Handful of Heuristics and Some Propositions for Understanding Resilience in Social – Ecological Systems", *Ecology and Society*, Vol. 11, No. 1, 2006.

② Carpenter, S. R. and E. M. Bennett, et al., "Scenarios for Ecosystem Services：An Overview", *Ecology and Society*, Vol. 11, No. 291, 2006.

态结构和动态发展都是由一组关键过程驱动的，不同层级间相互关联所形成的结构称为"扰沌"（panarchy），扰沌一词的词根"Pan"源于古希腊自然之神"潘"，象征不可预测的变化。在不同尺度之间，存在着各种联系，其中有两个过程最为关键。一个是"反抗"（revolt），主要指小尺度关键变化对于大尺度的影响，如小尺度内的森林火灾有可能破坏整个系统的稳定状态；另外一个是"记忆"（remember），则主要指大尺度关键变化对于小尺度的影响，比如森林火灾过后，大尺度上土壤养分的流动、种子的传播等过程会促进小尺度森林斑块的更新。

　　目前弹性理论也已经被应用到很多领域，如草场、湖泊、城市、流域、珊瑚、海岸、农业等生态系统的管理。[1] 近十年，研究者试图将弹性这一概念可操作化，应用最多的是概念性的分析框架，还有部分基于指标体系的评价[2]和基于模型的评价[3]。弹性理论更多地从理论层面阐释了社会生态系统的动态和复杂性，如何将弹性思维运用到现实的资源管理中，以及如何具体评价系统弹性使其可操作化，是目前该领域的研究热点和难点。[4] 但是，弹性理论对于社会生态系统不同尺度的解构以及对其动态机理的描述已经有了很大的进步，也为研究者理解现实问题及案例分析提供了可供参考的框架。

──────────

① Carpenter, S. and B. Walker, et al., "From Metaphor to Measurement：Resilience of What to What？" *Ecosystems*, Vol. 4, No. 8, 2001; Chillo, V., Anand, M., Ojeda, R. A., "Assessing the Use of Functional Diversity as a Measure of Ecological Resilience in Arid Rangelands", *Ecosystems*, Vol. 14, No. 7, 2011; Schouten, M., van der Heide, C. M., Heijman, W., et al., "A Resilience – Based Policy Evaluation Framework：Application to European Rural Development Policies", *Ecological Economics*, Vol. 81, No. 1, 2012.

② Berkes, F. and C. S. Seixas, "Building Resilience in Lagoon Social—Ecological Systems：A Local – Level Perspective", *Ecosystems*, Vol. 8, No. 8, 2005; Plummer, R., and D. Armitage, "A Resilience Based Framework for Evaluating Adaptive Co – management：Linking Ecology, Economics and Society in A Complex World", *Ecological Economics*, Vol. 61, 2007.

③ Janssen, M. A. and J. M. Anderies, et al., "Robust Strategies for Managing Rangelands with Multiple Stable Attractors", *Journal of Environmental Economics and Management*, Vol. 47, No. 1, 2004; Martin, S. and D. G., "Defining Resilience Mathematically：From Attractors to Viability. U. C. Systems", *Springer Berlin Heidelberg*, 2011; Heshmati, G. A. and Z. Mohebbi, "Development of State – and – Transition Models（STM）：Integrating Ecosystem Function, Structure and Energy to STM", *Journal of Rangeland Science*（*JRS*）, Vol. 2, No. 4, 2012.

④ ［美］Brian Walker、［美］David Salt 等：《弹性思维：不断变化的世界中社会—生态系统的可持续性》，彭少麟、陈宝明、赵琼译，高等教育出版社 2010 年版。

三　社会生态系统理论对自然资源管理的意义

总体而言，上述三个领域的研究对于社会生态系统的认识达成了几点共识：第一，人与自然之间紧密联系、相互影响，并非简单的线性关系，关注两者之间的作用关系更为重要；第二，社会生态系统具有复杂的等级结构，人与自然的作用也发生在多个尺度，对于单一尺度或者某一方面的干扰，会造成更大或者更小尺度上系统的变化；第三，正是由于复杂性的存在，社会生态系统具有很强的不确定性，任何干扰的效果都难以预测，尤其是复杂系统多稳态的存在，需要关注哪些因素会导致系统跨越阈值发生不可逆的变化。基于以上认识，对社会生态系统的管理，如针对不确定性的处理方式、管理目标等，都是对传统资源管理观点的颠覆，具体如表4-2所示，相比而言，社会生态系统管理更加注重系统内部的过程、应对外部干扰的能力，以及在多个时间、空间和社会组织的尺度上存在和运作。

表4-2　　　　**传统自然资源管理与社会生态系统管理观点的对比**

对比内容		传统自然资源管理的观点	社会生态系统管理的观点
生态系统	系统动态	系统变化是线性的、单调的	系统动态是存在阈值的，有滞后现象
	不确定性的处理方式	不确定性被忽视：主要驱动因素和决策变量的分布概率是已知的	复杂性和不确定性是考虑在内的：主要驱动因素和决策变量的分布概率是未知的，同样结果也是未知的；并且有些不确定性是不可避免的
	管理目标	单独的因素可以独自处理	微观尺度因素相互作用的复杂系统，决定了宏观尺度系统的运动形式
社会系统	关注点	关注人对资源的影响	包含了人对于预测和干预的反馈
	管理对象的特点	行动主体是理性的，具有充分的信息，并且其能力是可以测算的	行动主体是有限理性的，信息并不完整，决策过程也是复杂的
	管理范围	管理目标是基于简单参考的	管理涉及多样的权衡
	管理目标	通过行政命令式的管理，管理资源的存量和状态，并不关心更大范围的生态系统	以弹性和适应能力为管理目标，在更大的范围内稳定或者增强反馈

资料来源：作者根据 Schlueter, M., et al., "New Horizons for Managing the Environment: A Review of Coupled Social - Ecological Systems Modeling", *Natural Resource Modeling*, Vol. 25, No. 1, 2012 资料整理绘制。

对于草场这样一个复杂的系统而言，其社会和生态子系统存在着密切的耦合关系，而同时尺度对于草原生态过程的描述又有着关键的影响，生态补偿政策可以视为外部对于社会生态系统某些环节的干扰，究竟会产生怎样的影响，在此问题的研究中引入社会生态系统的相关理论无疑是相当必要的。上述社会生态系统的相关研究均强调将社会和生态作为整体研究的重要性，但是所提出的分析框架还各有缺憾，尤其是具体到操作层面还有待深入探讨。在尺度方面，上述理论都有所涉及，但是并没有更为具体的讨论，而实际上尺度是研究结构复杂系统的有力工具。因此，如何反映社会系统和生态系统之间抽象的关系、过程和机理并对它们进行描述，使它们可操作化是研究的难点。

四　社会生态系统等级结构及尺度的作用

社会生态系统理论的相关研究都强调系统的复杂性，实际上社会生态系统虽然存在结构、动态等方面的复杂性，但是并非杂乱无章的，而是与生态系统类似，存在有秩序的等级结构。Simon 认为复杂性常常具有等级形式，一个复杂系统往往由相互关联的亚系统组成，亚系统又由更低层级的亚系统组成。一般而言，高层级的行为和过程通常对应大的时空尺度、低频率、慢速度；而低层级的行为和过程则具有小尺度、高频率、快速度的特征。不同层级之间相互作用，低层级为高层级提供机制和功能，高层级对低层级有制约作用。[①] 社会生态系统同样具有类似的等级结构，每个层级的结构由一组关键的控制因子相互作用，成为区别于其他层级结构的标准，上文中的弹性理论所示的扰沌模型可以形象地表示社会生态系统不同层级间的相互作用。

等级结构能够简化复杂的系统，而对于研究来说，增强对系统的"尺度感"会为各类学科提供新的视角和研究方法。系统等级结构的意义在于：每一个学科都有一个核心的层次，内部机制性原理往往在其核心层次以下被揭示，而环境制约条件往往在以上的层次考虑才能一目了然。[②] 比如，在景观

---

① 邬建国：《景观生态学——格局、过程、尺度与等级》，高等教育出版社 2007 年版。
② 邬建国：《景观生态学——格局、过程、尺度与等级》。

生态学的研究中，学者提出所研究系统的等级结构确定之后，同时考虑三个相邻的层次，才能较为全面地了解研究对象。第一个尺度为目标尺度，即研究者所感兴趣的尺度；第二个尺度为目标尺度之上的尺度，即背景尺度；第三个尺度为目标尺度之下的尺度，即用于解释行为细节的尺度。同样，对于复杂社会生态系统的研究，尺度是一个解构研究对象的有效工具。

第二节　社会生态系统跨尺度研究

一　尺度的概念

尺度可以简单理解为观察或者研究某一现象或者物体的时间和空间单位。尺度根源于研究对象的相互作用关系的复杂性和等级结构，研究和观察的尺度不同，那么得出的研究结果也不尽相同，这就是复杂系统普遍存在的尺度效应或者称为尺度变异性。尺度是一个多学科的概念，无论是社会科学领域还是自然科学领域，尺度都有其自身的定义。比如，生物学家研究的尺度可以分为分子、细胞、有机体，经济学家的研究尺度可以分为个体、公司、工业和经济结构。[①]

生态系统中的尺度

在生态学中，尺度是一个基本的概念，对于理解生态系统的格局和过程（pattern and process）十分重要。生态学家邬建国将尺度定义为测量尺度（measure scale）和本征尺度（intrinsic scale）。测量尺度是指人类研究或者认知的尺度，会随着研究目的或者研究对象的不同而发生变化。本征尺度是指自然本质存在的、某一现象或过程在时间和空间上所涉及的范围和发生的频率，本征尺度所反映的生态现象或过程独立于人的控制而存在。从研究的角度来看，测量尺度可以当作一种研究手段，而本征尺度则是研究对象，尺度研究的目的在于通过适宜的测量尺度，来分析和揭示本征尺度中生态过程的规律性。

同时，还可以从维度的角度对尺度进行分类，包括时间尺度、空间尺度

---

① Wilbanks, T. J. and R. W. Kates, "Global Change in Local Places: How Scale Matters", *Climatic Change*, Vol. 43, No. 3, 1999.

和组织尺度。空间尺度和时间尺度即一般意义上观察现象或者事物的空间或者时间范围。而组织尺度则是指，生态学组织层次（如个体、种群、群落、生态系统、景观）在自然等级系统中所处的位置和所完成的功能。在生态系统中，不同尺度的组织层次在系统的等级结构中的位置较为清晰，但是时间和空间界限模糊，不过仍可以通过特定的时间和空间尺度描述。

尺度虽然有多个维度，但是相比较而言，时间和空间尺度在实际研究之中更为重要和普遍，表现为尺度的二重性。无论是生态过程还是自然现象，时间和空间尺度总是紧密相关的，因此在生态学的研究过程中经常将二者结合起来，通过结合时空尺度更有助于研究对象的规律和过程。对于生态系统来说，时间尺度和空间尺度的相关性还体现在，大的时空尺度对应较慢的变化速率，而小的时空尺度对应较快的变化速率。

社会系统中的尺度

社会系统中的尺度包括两个方面，一个是表达社会结构的尺度，如个人、家庭、家族、社会等组织尺度；另外一个是具体到自然资源的管理领域，特指社会所形成的制度，比如法律、规则、正式或者非正式的社会行为准则等，用以在不同的时间和空间尺度管理资源使用者或者其他利益相关者对资源的使用权、进入权、责任和义务等。[①] 比如在草原的生态治理过程中，有国家尺度的《草原法》，具体到自治区尺度的《内蒙古自治区草原管理条例》，此外各个旗县也会根据实际情况制定具体的实施方案，而牧户所组成的社区尺度，也会存在村规民约对牧户利用草场的行为进行管理。

社会生态系统中的尺度

在社会生态系统的研究中，系统的复杂性和等级结构决定了尺度同样是一个重要的概念，但是相比单纯的社会或者生态系统研究中的尺度，社会生态系统的概念更加复杂。不少学者试图通过具体的定义澄清尺度在该领域应用中混淆的现象，Gibson 把尺度定义为测量或者研究某些现象的时间、空间、数量或者分析的维度，水平（levels）则是指某一尺度的不同位置。[②] 之

---

① Cumming, G. S., D. H. M. Cumming and C. L. Redman, "Scale Mismatches in Social – Ecological Systems: Causes, Consequences, and Solutions", *Ecology and Society*, Vol. 11, No. 1, 2006.

② Gibson, C. C., "The Concept of Scale and the Human Dimensions of Global Change: A Survey", *Ecological Economics*, Vol. 32, No. 2, 2000.

后，Cash 等人进一步对这一概念进行了说明，并将这一概念进行了图示说明，如图 4-3 所示。诸如空间、时间、管辖区等是上述定义中的尺度，即研究的维度，而黑色圆圈的位置代表某一尺度中的水平。①

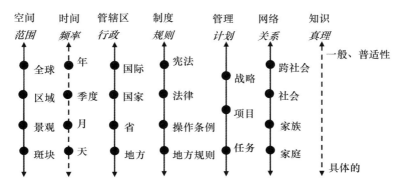

图 4-3　社会生态系统中尺度和水平的说明

资料来源：Cash, D. W. and S. C. Moser, "Linking Global and Local Scales: Designing Dynamic Assessment and Management Processes", *Global Environmental Change*, Vol. 10, No. 2, 2000。

因此，这一概念澄清了尺度和水平的差别，比如大尺度和小尺度指的是同一研究尺度内的不同水平，而跨尺度指的是不同研究维度之间的整合研究。但是，即便这一概念从理论上更加清晰，但是在实际的应用中却还是难以完全区分尺度和水平。这是因为，尤其是在社会生态系统的研究过程中，往往会涉及多个研究尺度和关注水平，每个研究尺度都会对应不同的研究水平，概念上的区分变得十分困难。

但总体上来说，该领域的研究者更关注两个尺度的问题，一个是生态政策/资源使用制度实施或者影响的尺度，另外一个是生态系统中生态过程实际发生的尺度，不论是政策的尺度还是生态过程的尺度，都可以通过时间和空间进行表征。生态管理政策的尺度在确定的研究尺度之下，社会生态系统的研究对象不是单纯的社会或者生态过程，而是社会和生态系统

---

① Cash, D. W. and S. C. Moser, "Linking Global and Local Scales: Designing Dynamic Assessment and Management Processes", *Global Environmental Change*, Vol. 10, No. 2, 2000.

之间的相互作用关系。尺度对于社会生态系统的研究意义在于，我们对于事物或者现象的认知会随着研究尺度的变化而变化，这对于如何管理自然资源十分重要，研究尺度与生态系统过程的本征尺度不相符，是大多数自然资源管理失败案例的共性。

二　尺度在社会生态系统研究中的意义

本节主要阐述为什么在社会生态系统的研究中需要注意尺度？其原因在于三个方面（图4－4）：（1）社会生态系统的表现具有尺度效应，仅以单一尺度的研究结果作为依据，会误导研究者及决策者对于系统整体的认知；（2）这种对尺度效应认知上的不足，会造成管理过程与生态过程的"尺度不匹配"，而这种不匹配往往直接导致管理目标的失败，或者进一步导致生态系统的恶化；（3）从尺度的视角去认知和解构社会生态系统，可以对不同尺度的作用机理进行剖析，有助于解释系统当前的状态及未来的运行趋势，从而得出合理的政策建议。

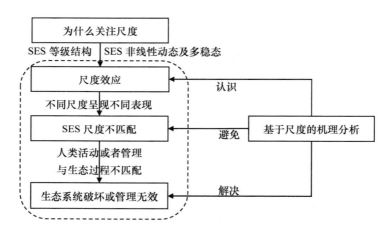

图4－4　尺度在社会生态系统分析中的作用

资料来源：作者整理。

社会生态系统的尺度效应

尺度效应，是指社会与生态系统的相互作用结果会体现在不同的尺度上，其结果具有尺度敏感性，因此不能假定在某一尺度上的结果会在另外一个尺度上同样有效。[①] 单一尺度上的案例研究只能提供有限信息，有时甚至会误导研究者对于该尺度上的景观空间格局整体规律的认识，[②] 而对于决策者来说，有可能会导致错误政策的实施或者延续。关于尺度效应的事例不胜枚举，比如新能源技术的环保效果评价，争议就源自全生命周期和终端消费两个不同的评价尺度。

千年生态系统评估的一个主要贡献是采取了多尺度的评估方法，从局地、区域、全球等尺度研究了生态系统及生态系统服务的变化，以期为不同层次的决策者提供信息，专栏 4.1 列举了千年生态系统多尺度评估的原理。

专栏 4.1　多尺度评估的基本原理[③]

千年生态系统评估是一项多尺度评估。为何要在一项业已复杂的评估中引入多种尺度呢？这主要有以下几个方面的原因：

（1）多尺度评估使得我们可以对各种生态过程和社会过程在其作用的尺度上进行评估，并把它们和不同尺度及社会组织层次上的各种过程联系起来。

（2）随着尺度变细，多尺度评估使得我们可以逐渐考虑空间、时间或者因果关系方面的一些更为详细的问题。

（3）多尺度评估使得我们可以根据较小尺度的研究结果对较大尺度上得出的结论进行独立验证，并在较大尺度上为较小尺度的研究结果建立一种参照背景。

（4）多尺度评估使得我们可以根据与社会决策过程相匹配的尺度（人们可以与这些尺度产生某些联系，并可以在这些尺度上采取某些行动，例如，当地社区、省、国家、区域联盟及整个地球）编写评估

---

① Kremen, C., J. O. Niles, M. G. Dalton, G. C. Daily, P. R. Ehrlich, J. P. Fay and D. Grewal, "Economic Incentives for Rain Forest Conservation Across Scales", *Science*, Vol. 288, No. 5472, 2000.

② Wu, J., "Hierarchy and Scaling: Extrapolating Information Along a Scaling Ladder", *Canadian Journal of Remote Sensing*, Vol. 25, No. 4, 1999.

③ 世界资源研究所：《生态系统与人类福祉：生物多样性综合报告》，中国环境科学出版社 2005 年版。

报告和制定对策。

气候变化领域中，不同时间尺度所显示的不同结果成为主要的争论焦点。联合国政府间气候变化专门委员会（Intergovernment Panel on Climate Change，IPCC）的报告中，美国物理学家迈克尔·曼所绘制的温度分布图——著名的"曲棍球棒"图成为气候变化支持者的主要依据。该图显示了在过去1000年的时间尺度内，气温一直平稳变化，直到末端即工业革命之后温度急剧上升。但是，不少研究者从更长的历史角度研究发现，虽然20世纪的后期变暖的趋势是肯定的，但属于千年来气候正常波动范围。因此，基于不同尺度的研究结果也将进一步影响气候变化的应对措施。

Spies等人研究了美国俄勒冈省的森林生物多样性保护政策，研究结果显示，由于对不同土地所有者采取不同的管理策略与保护目标，如保护区内禁止砍伐以保护多样性，而周边地区的私人所属的森林则是以生产为主要目标，造成在某些尺度上生物多样性及森林保护目标的实现，但是在生态系统尺度上其他物种迁移受阻。

社会生态系统尺度匹配性研究

当不能意识到社会或者生态系统过程的这种尺度效应，或者没有在特定尺度上采取合适的管理策略时，则有可能造成生态系统的破坏或者管理的无效。在自然资源管理及生物多样性的保护过程中，学者意识到社会过程和生态过程尺度匹配的重要性。当社会活动和生态系统相互作用导致社会生态系统一个或者多个功能被破坏、重要组分消失或者管理无效的时候，就可以称为尺度不匹配。

比如，在地下水资源的使用过程中，各个地区往往会进行"抽水竞赛"，其主要原因是资源利用与管理的尺度不能与地下水的生产及存储尺度相匹配，从而导致地下水资源的过度耗竭与管理的无效。① 与水资源相关的另外一个常见现象即流域管理，行政区的管理模式与流域生态过程的尺度差异，往往导致管理的无效。② 在生物多样性保护的研究领域，Pelosi

---

① ［美］埃莉诺·奥斯特罗姆：《公共事务的治理之道》，上海三联书店2000年版。
② 王树义：《流域管理体制研究》，《长江流域资源与环境》2000年第4期。

对生态农业与生物多样性保护的相关文章进行综述，有 452 篇文章认为生物多样性保护的失败源于管理过程与生态过程的空间尺度不匹配。在中国，区域大气污染成为目前的主要环境问题，而其解决的难点也在于污染过程的区域化特征与行政属地为管理主体之间存在矛盾，以京津冀地区为例，单纯依靠北京的污染控制并不能解决北京城市的雾霾问题，因此，区域联防联控成为主要的治理手段。①

　　基于尺度的机理性研究

　　鉴于社会生态系统研究中的尺度效应，以及尺度不匹配有可能造成的负面影响，基于尺度的机理性研究成为提供解决方案的依据。有关社会—生态两个系统相互作用的机理性研究，对尺度使用最多的是土地利用变化的领域，具体涉及森林覆盖变化、② 城市格局变化、③ 土地类型变化等，④这里不一一赘述。仅以几个草场管理及草场生态系统变化的研究为例，阐述尺度在机理性研究方面的作用。

　　Peters 等人从尺度的视角分析了生态系统动态过程，并提出了跨尺度作用和格局过程的分析框架。⑤ 作者认为系统的变化是通过小尺度、中尺度和大尺度之间的格局和过程变化实现的，并以草场退化为例进行了解释，在小尺度上草和灌木之间的关系是通过竞争体现的，而过牧会导致灌木的竞争力增强，从而改变小尺度上的植被结构。灌木达到一定的密度之后，在中尺度上通过牲畜、动物的运输过程，灌木草籽会向其他地方传播，灌木为主的草场就会通过传播而不是竞争来形成，灌木会以很快的速率增长。而在大尺度上，风蚀会进一步减少草增加灌木。这种大尺度对小尺度的反馈就会主宰剩余草场的变化，一旦侵蚀成为主要的景观尺度的过程，竞争和传播都不再会产生显著的效果。反之，大尺度对于小尺度的影

　　① 万薇：《区域环境管理与跨地区合作激励机制研究》，博士学位论文，北京大学，2012 年。

　　② 陈佑启、韦伯：《中国土地利用/土地覆盖的多尺度空间分布特征分析》，《地理科学》2000 年第 3 期。

　　③ Shen, W., G. D. Jenerette, J. Wu, and R. H. Gardner, "Evaluating Empirical Scaling Relations of Pattern Metrics with Simulated Landscapes", *Ecography*, Vol. 27, No. 4, 2004.

　　④ Wickham, J. D., et al., "Temporal Change in Forest Fragmentation at Multiple Scales", *Landscape Ecology*, Vol. 22, No. 4, 2007.

　　⑤ Peters, D. P. C., et al., "Cross – Scale Interactions and Changing Pattern – Process Relationships: Consequences for System Dynamics", *Ecosystems*, Vol. 10, No. 5, 2007.

响也会通过格局和过程产生作用。这一分析有力解释了跨尺度作用发生的机理，也解释了系统的非线性动态的原因。

张倩认为在草场管理有关平衡和非平衡理论的争议中，尺度是结合两个理论并解释现实情况的有效视角。因此作者提出，草场管理的关键问题不仅是对平衡还是非平衡生态系统本身的判断，最重要的是定义一个根据时空尺度划分而成的等级框架，为不同级别可能选择不同的生态系统理论及管理工具提供指导。作者从大、中、小三个尺度分析了内蒙古锡林郭勒盟的资源异质性特点，并提供了基于不同尺度的管理建议。①

蒙吉军等人从宏观和微观两个尺度上研究了内蒙古毛乌素沙地的土地利用变化驱动力。研究结果表明，在宏观尺度上土地利用变化受到地形、水文、交通、居民点等地理环境因素及人口、经济发展和政策制度等社会经济因素的影响；在微观尺度上，农牧户个体生计策略则发挥了较为显著的作用，且不同类型农牧户特性决定了土地利用模式的选择既受到资源条件的限制，又受到社会文化、市场环境和政府政策的影响。

Huntsinger 和 Oviedo 从放牧单元、牧场和景观三个尺度，研究了美国加州地中海式气候草场的社会生态系统服务的产生机制。在放牧单元的尺度，动植物对放牧管理的反馈决定了生态系统的结构和功能，因此牧民的放牧行为，如放牧时间、强度等直接影响了生态系统服务的产生过程。在牧场的尺度，牧场主的动机、决策、经济状况等决定了牧场的使用与管理方式，成为影响生态系统服务的主要机制。在景观尺度，类似水土保持、多样性保护等生态系统服务主要取决于景观的完整性，牧场之间的连接度成为主要影响因素，因此社区、地方政府、土地所有者之间的合作和管理至关重要。该文章从三个尺度对生态系统服务的产生机制进行了解构，分析了每个尺度的驱动因素和作用过程，以及尺度之间的关系，对草场生态系统的管理也提出了清晰的建议。②

① 张倩：《畜草双承包责任制的政策有效性研究：基于资源时空异质性的分析》，博士学位论文，北京大学，2007 年。

② Huntsinger, L., and J. L. Oviedo, "Ecosystem Services are Social – Ecological Services in A Traditional Pastoral System: the Case of California's Mediterranean Rangelands", *Ecology and Society*, Vol. 19, No. 1, 2014.

李艳波基于生态过程的本征尺度构建了"景观—斑块"模型，分析了畜牧业生产在景观和斑块两个尺度上对草场生态的影响机理，并依此提出基于上述两个尺度的载畜量管理策略：为实现生态保护目标需要对放牧影响植被和土壤的过程进行管理，对应着调节斑块尺度上的放牧强度；为实现牧民的生计目标需要对畜群增长繁殖进行管理，这对应着在景观尺度上协调和综合利用不同资源斑块。①

可见，尺度有助于解释社会生态系统中的复杂过程，阐述系统变化的机理，从而为有效的资源或者系统管理提出建议。尽管有关尺度的研究在近 10 年的时间内备受关注，但是有关系统跨尺度的研究还很少。

三 跨尺度的研究方法及驱动力

跨尺度相互作用（cross scale interaction）是指一个时空尺度上的过程会同时作用于另一个尺度并产生非线性动态，或者跨越阈值转变系统状态。以尺度为工具分析政策的影响，研究跨尺度的相互作用非常重要，因为通常是多尺度的共同作用决定系统的状态。小尺度有助于理解一些特定尺度的行为，同时大尺度会对这些行为产生限制。

跨尺度研究的一般步骤

跨尺度的研究以问题为导向，相对来说景观生态学对系统跨尺度的研究较多，目前并没有固定的方法，但是存在一个较为通用的研究模式。Bürgi 等人归纳出了一个标准的程序（图 4 - 5），主要包括 3 个步骤：系统定义、系统分析、综合分析。②

其中，第一步系统定义是指确定系统的范围，即研究的目标系统及所要分析的尺度，并确定要研究的内容是什么；第二步，按照选定的空间和时间尺度对对象系统进行分析，找到每个尺度社会生态系统运行的驱动因子；第三步进行综合分析，找出驱动因子之间的相互作用关系，并分析驱

---

① 李艳波：《内蒙古草场载畜量管理机制改进的研究：基于对草场生态学非平衡范式的借鉴与反思》，博士学位论文，北京大学，2014 年。

② Bürgi, M., Straub, A., Gimmi, U., et al., "The Recent Landscape History of Limpach Valley, Switzerland: Considering Three Empirical Hypotheses on Driving Forces of Landscape Change", *Landscape Ecology*, Vol. 25, No. 2, 2010.

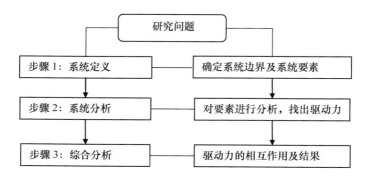

图 4 - 5 跨尺度研究的一般步骤

资料来源：Bürgi, M., Straub, A., Gimmi, U., et al., "The Recent Landscape History of Limpach Valley, Switzerland: Considering Three Empirical Hypotheses on Driving Forces of Landscape Change", *Landscape Ecology*, Vol. 25, No. 2, 2010。

动因子与系统变化之间相对应的因果关系。

其实，可以对上述研究框架进行进一步的分解，系统跨尺度的研究，实际上需要解答两个问题，一个是不同尺度上的表现是什么，另一个是基于此分析跨尺度的影响机制。同样，本书的研究内容有两个重点，即草场生态补偿政策对于不同尺度社会生态系统的影响，以及这种影响产生的机制。Scholes 等对社会生态系统多尺度及跨尺度研究的内容进行了阐述，分析了怎么确定合适的尺度？多尺度研究的重点是什么？跨尺度研究的重点是什么？①

尺度的选择取决于研究问题，并没有固定的标准。如上文已提到过，在景观生态学中，一般需要确定三个尺度：核心尺度、上推一级的尺度及下推一级的尺度。Scholes 等在文章中认为，最精确的尺度选择应该有核心尺度，并且最好能够同时上推和下推两个尺度，这样基本可以完成一个完整的系统分析。不过作者也指出，这样的尺度选择一般很难实现，在跨尺度及多尺度的研究中，三个或者四个合理的尺度较为合适。多尺度的研究是通过收集不同尺度上的数据，分别在不同尺度上进行分析；而跨尺度的分析则侧重描述与解释多尺度分析的结果，即为什么不同尺度上有不同的

---

① Scholes, R., Reyers, B., Biggs, R., et al., "Multi – Scale and Cross – Scale Assessments of Social – Ecological Systems and Their Ecosystem Services", *Current Opinion in Environmental Sustainability*, Vol. 5, No. 1, 2013.

表现，及产生的机理（图 4 - 6）。

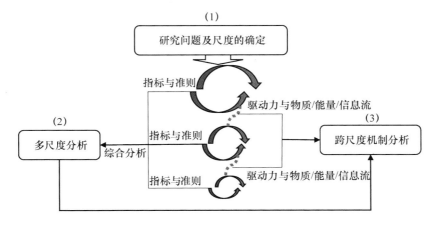

图 4 - 6　跨尺度的研究框架

资料来源：Scholes，R.，Reyers，B.，Biggs，R.，et al.，"Multi - Scale and Cross - Scale Assessments of Social - Ecological Systems and Their Ecosystem Services"，*Current Opinion in Environmental Sustainability*，Vol. 5，No. 1，2013。

驱动力

为了分析跨尺度的作用机理，必须要了解引起尺度内及尺度间联系和变化的原因。驱动力可以理解为导致对象系统研究尺度内要素及其相互作用关系发生改变的因素。本书主要关注不同尺度内社会与生态系统之间的作用关系，即人类对资源的利用方式和社会生态影响。在相关领域的研究中，生态系统服务、土地利用、耕种方式、森林覆盖等研究虽然侧重社会与生态系统中的不同方面，但均反映了人和生态系统的关系，其有关尺度内及跨尺度驱动力的研究也可以分为以下几个方面。

有关驱动力的研究中，有多种不同的分类方法，如根据驱动力与系统关系的紧密程度分为直接驱动力和间接驱动力。根据驱动力的来源，分为内部驱动力和外部驱动力。[①] 在驱动力的分类中，根据驱动力的类型，分为自然驱动力和社会驱动力，也有学者称之为社会经济和生态过程驱动力。[②]

①　Cumming，G. S.，D. H. M. Cumming and C. L. Redman，"Scale Mismatches in Social - Ecological Systems：Causes，Consequences，and Solutions"，*Ecology and Society*，Vol. 11，No. 1，2006.

②　Lambin，E.，"Managing Mobility in African Rangelands"，*The Legitimization of Transhumance*，*Ecological Economics*，Vol. 38，No. 2，2001.

如千年生态系统评估中，将生态系统服务变化的驱动力（影响全球、区域、地区尺度）分为五类，包括人口驱动力、经济驱动力、社会政治驱动力、科学与技术驱动力、文化与经济价值驱动力和物理生物与化学驱动力。在每个研究尺度上，起作用的驱动力并不相同，如图4-7所示，在大尺度上的变化往往与宏观的经济政策或者气候条件的作用关系更为显著，而小尺度上的变化一些微观因素则更具有解释力。① 根据不同的研究问题，应该筛选相应的驱动力进行研究，因此本书将重点对跨尺度过程中的驱动力整体情况进行描述分析。

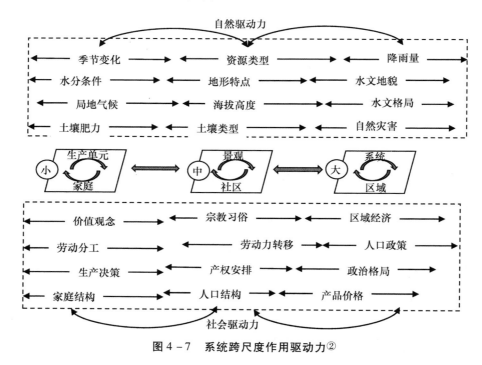

图4-7 系统跨尺度作用驱动力②

---

① Berkes, F. and C. S. Seixas, "Building Resilience in Lagoon Social—Ecological Systems: A Local-Level Perspective", *Ecosystems*, Vol. 8, No. 8, 2005；张小咏、邵景安、黄麟：《三江源南部草地退化时空特征分析》，《地球信息科学学报》2012年第5期。

② 整理自 Cumming, G. S., D. H. M. Cumming and C. L. Redman, "Scale Mismatches in Social-Ecological Systems: Causes, Consequences, and Solutions", *Ecology and Society*, Vol. 11, No. 1, 2006；Berkes, F. and C. S. Seixas, "Building Resilience in Lagoon Social—Ecological Systems: A Local-Level Perspective", *Ecosystems*, Vol. 8, No. 8, 2005；张小咏、邵景安、黄麟：《三江源南部草地退化时空特征分析》，《地球信息科学学报》2012年第5期。

跨尺度的作用机制

"跨尺度"之所以会发生，是因为不同尺度之间的连通性，而起到连通作用的要素在不同的系统中也具有较大的差异。系统不同尺度的变化是由不同的驱动力引发，而跨尺度的相互作用则是通过联系不同尺度之间的媒介，通常是具有流动性质的要素实际作用完成的，包括物质流、能量流和信息流。在景观生态学中，跨尺度的过程一般通过五种媒介来完成，即陆地动物、飞翔动物、风、水和人。①

在弹性理论的扰沌模型（图 4－2）中，也对跨尺度的作用机制进行了一定的分析。比如火灾使斑块尺度上的森林遭到破坏，那么会通过大尺度的"记忆"，如储藏的种子、土壤养分等会经水、风、动物等流动到火灾发生的斑块，从而促使森林的恢复。再比如，在社会的经济体系中，关键企业的价格与产品信息会导致整个行业的改变。②

再如，对于跨尺度作用机制的解释的一个典型的例子是"碳泄漏"。在对全球气候变化中"碳泄漏"问题的研究中，发达国家的减排量往往与发展中国家的碳排放增量相关。③ 对这种不同尺度之间联系最有力的解释之一就是全球市场的连通性，而资本作为自由的、可流动的要素使不同尺度之间的连通更加便利。如发达国家控制碳排放总量的时候，产品的生产成本升高，而与此同时发展中国家在同一行业的竞争能力增强，成为主要生产国。因此，发达国家并未减少碳排放，只不过是通过消费他国生产的产品将碳排放转移到了另外一个尺度。

第三节　社会生态系统跨尺度分析框架的建立

一　本书研究的尺度

本书所指的尺度即在政策影响研究中所关注的尺度，以社会生态系统

---

① 邬建国：《景观生态学——格局、过程、尺度与等级》，高等教育出版社 2007 年版。

② ［美］Brian Walker、［美］David Salt 等：《弹性思维：不断变化的世界中社会—生态系统的可持续性》，彭少麟、陈宝明、赵琼译，高等教育出版社 2010 年版。

③ Kuik, O., Reyer, G., "Trade Liberalization and Carbon Leakage", *The Energy Journal*, Vol. 24, No. 3, 2003；谢来辉、陈迎：《碳泄漏问题评析》，《气候变化研究进展》2007 年第 4 期。

为研究对象，因此本书关注的尺度包括两个方面：一个是生态政策/资源使用制度实施或者影响的尺度，另外一个是生态系统中生态过程实际发生的尺度，不论是政策的尺度还是生态过程的尺度，都可以通过时间和空间进行表征。其中，空间尺度更加直观，而时间尺度通常与空间尺度相匹配，如较大空间尺度上的变化一般需要通过更长时间尺度的观察，本书中所涉及的尺度均包含时间和空间两个方面。本书的研究目的是回答核心问题"是否为了解决一个尺度上的问题，造成更大尺度上的影响？"从这一问题出发，包括两个尺度，一个是政策试图解决问题的尺度（尺度Ⅰ），另一个是政策实施之后所产生影响的尺度（尺度Ⅱ）。此外，因为社会生态系统是一个具有等级结构的系统，大尺度的层级结构对小尺度的层级结构具有约束作用，小尺度的层级结构是否可以可持续地运行，取决于其是否可以在大尺度的资源约束范围之内，而小尺度的累积效应也同时决定了大尺度的可持续性。前面两个尺度是从政策的角度进行划分和定义的，为进一步研究这种政策影响过程与生态过程的关系，从更长的时间尺度判断政策的效果，本书的研究还包括第三个尺度，即更大时空范围的生态过程的尺度（尺度Ⅲ），来评价上述政策尺度的累积影响是有利于社会生态系统整体的可持续性还是会起到相反的作用。不同时空尺度之间的关系如图4-8所示。

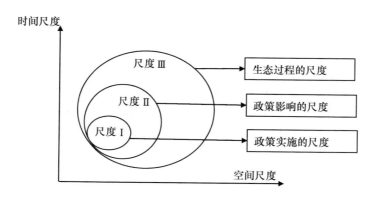

图4-8　本书研究的尺度

落实到本书的实际案例中，尺度Ⅰ是以实施生态补偿政策的目标嘎查或者村庄为边界；尺度Ⅱ是指为了实现上述政策对象范围内的目标，所引起的人口迁移或者资源利用方式转变所影响的边界；尺度Ⅲ则不只局限在特定调查的村庄或其所影响的尺度，而是在相对完整的生态系统内分析生态补偿政策的影响，以评价现有政策思路在所属生态区域内对大的时空范围的社会及生态影响。

二　跨尺度分析框架的建立

分析内容

确定本书的研究尺度之后，依次分析草场生态补偿政策的多尺度影响及跨尺度作用机制。多尺度影响的分析，在本书所确定的三个尺度之中，分别从两个层次进行研究（图4-9）：首先，分析生态补偿政策对社会和生态两个系统关系的影响，即生产方式或者人对资源利用方式的变化；其次，分析这种资源利用方式变化所造成的社会及生态影响，生态方面具体表现在利用资源的种类、强度及生态表现，社会方面具体表现在牧户家庭收入、对生活状态评价等。在跨尺度作用机制分析过程中，侧重解释引起多尺度影响的机理，包括驱动力是什么、所引起关键资源的变化和不同尺度间的传递关系是什么。

多尺度影响分析的评价指标与准则

资源利用方式：本书中的资源利用方式代表人与生态系统之间的关系，可以用生产方式作为直接表征。如在禁牧之前，资源利用方式是指传统畜牧业的生产过程，"人—草—畜"所形成的系统中，牧民通过牲畜利用草场资源获取经济收入。而在禁牧之后，这种利用方式随着政策的实施而发生改变，如转变为农业生产、半农半牧或者牧民成为城市人口等。本书用资源利用方式客观表达人与生态系统之间的关系，而这种资源利用方式的好坏则通过其在不同尺度上的社会及生态影响体现。

生态影响：本书的生态影响同样分三个尺度进行评价，由于每个尺度人与生态系统的作用方式不同，因此评价的指标也会有所不同。比如在政策实施的尺度（尺度Ⅰ），主要关注"人—草—畜"之间关系的变化以及由此产生的生态影响，具体包括放牧强度的变化、草场植被状况变化等方面。在政策影响的尺度，传统畜牧业的生产方式有所变化，因而对生态系

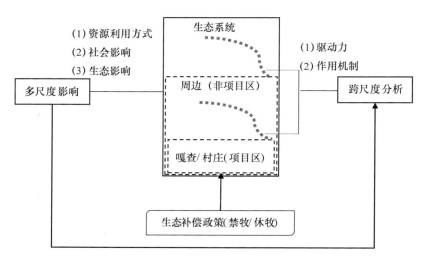

图 4 - 9　跨尺度分析框架

统产生的影响也有所不同，具体体现在资源的利用种类、利用强度等方面。在生态系统的尺度上，则更加关注于在现有政策下大范围内的生态影响，采用宏观数据对土地利用方式、资源利用强度进行分析。此外，本书还利用访谈政府官员的信息，通过话语分析的方式表征生态影响。

社会影响：社会影响主要包括三个方面，即对牧户生活水平的影响、对资源管理的影响，以及社会系统的可持续性。表征牧户生活水平的指标分别为牧户收入和牧民感知，因为在畜牧业生产系统中，牲畜既是收入来源也是牧户的储蓄，所以对于依靠畜牧业为主要收入来源的新疆精河县，用牲畜数量表征其牧户收入。而对于生产方式发生改变的阿拉善左旗，为对比政策实施前后牧户的收入，则采用现金收入作为指标。在牧户感知方面，本书设计了开放性问题，收集牧户对政策实施前后生活状况的评价信息，用话语分析的方式解释社会影响。对资源管理的影响，主要是体现在政策实施之后，牧户是否能够更加有效地管理资源，支撑证据同样来自对牧户访谈的话语分析。社会系统的可持续性，需要结合大尺度生态系统的影响进行评价。

案例侧重点

为了全面研究生态补偿政策的影响，本书选取了两个案例地，分别代表了目前实施最为广泛的生态补偿政策，即禁牧和休牧的项目区。禁牧与休牧的政策思路类似，均为"大面积搞生态，小面积搞生产"，但是对社会生态系统的影响方式存在差别，因此在本书的分析过程中对案例研究的侧重点会有所不同。

我国对于退化较为严重的地区实施禁牧，在项目区内完全消除了牲畜及牧民对草场的影响，试图在短时间内恢复草场并改变牧民的生产生活方式。对于禁牧案例的研究，本书偏重于两个方面，在禁牧区的尺度 I 范围内，研究完全排除畜牧业的生产方式对草场生态及草场管理的影响，以此来回答本书提出的第一个问题，即"草场生态系统和牧民之间的关系是什么，草场生态恢复中，该如何处理人、草、畜三者之间的关系"；在禁牧安置区的尺度 II 范围内，研究替代性的生产生活方式对自然资源利用的影响及该方式的可持续性；最后在生态过程的尺度上，分析上述两个尺度的累积效应，并根据干旱区水资源稀缺的特征对该生态政策的影响进行分析。

在部分季节性草场退化较为严重的地区，我国大部分实施的是休牧政策，即减少对部分季节性草场的利用，通过分配现金、生产资料、饲料地的方式对牧户进行补贴。本书选取了新疆一个较为"成功"的村庄，该地被当作北疆地区治理草场生态和发展牧区经济的模板，其模式被大范围宣传和推广。本书对该案例的分析侧重点在于，以此"成功"的村庄为尺度 I，分析生态补偿政策的生态及社会影响；在尺度 II 范围内，与另外一个相同模式但是"失败"村庄对比，分析两个村庄的差别；最后，从生态过程的尺度上分析"成功"模式推广的累积效应。

第三部分　案例分析

第五章　禁牧政策的多尺度影响分析

第五章和第六章为案例分析，分别选取了禁牧和休牧两个典型政策的实施地区，对政策的多尺度影响进行分析。其中，第五章将以禁牧为主的阿拉善作为案例地，选取禁牧区、安置区和生态系统整体为三个研究尺度，分析生态补偿政策对资源利用方式、生态和社会的影响。本章所选取的案例地阿拉善左旗，是国家禁牧工程的重点地区，同时也是全国范围"禁牧"的源头和示范工程，因此对该地区政策影响的评价将对全国禁牧工程实施的经验和教训的总结具有重要意义。

第一节　案例地介绍

一　自然社会背景

阿拉善左旗（简称阿左旗）位于内蒙古自治区，贺兰山西麓，全旗土地总面积11998.65万亩，其中共有草场面积7874万亩，主要为荒漠、半荒漠草原，沙漠面积5100万亩，主要是腾格里、乌兰布和两大沙漠。年降水量80—220毫米，年蒸发量3000毫米，属于典型的中温带干旱区。①阿左旗草地植被具有明显的地带性分布规律，由东南向西北依次为高山草甸草原、荒漠草原、草原化荒漠、典型荒漠，以旱生、超旱生、盐生和沙生的灌木、半灌木为植被的建群种（图5-1）。近年来阿左旗草场退化严重，目前全旗因各种因素退化的草地总面积为3378万亩，占可利用草地面积的59.5%；其中中度、重度退化草场面积达1308万亩，占退化总面

---

① 《草原》，阿拉善左旗政府，http：//www.alszq.gov.cn/News_View.asp? NewsID=2939。

积的 58.1%。植被盖度与 20 世纪 50 年代相比降低了 30%—50%，[1] 干草产量由 60 年代的 570.03kg/hm² 下降到 90 年代的 262.87kg/hm²，下降比例为 53.9%。[2] 草原畜牧业是该地区传统的资源利用方式，也是当地牧民最主要的收入来源，饲养牲畜的品种包括山羊、绵羊、马、牛、骆驼，其中小畜以山羊为主，大畜以骆驼为主，是我国白绒山羊及双峰骆驼的产区。

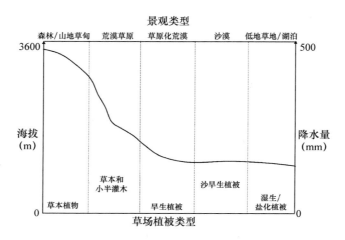

图 5－1　阿拉善左旗草场植被类型

阿拉善左旗地广人稀，根据 2012 年人口普查情况，阿拉善左旗共有常住人口 17.3 万人，其中汉族占 73.23%，蒙古族占 19.07%，牧业人口 2 万多人。[3] 阿拉善左旗北部以蒙古族为主，从事放牧畜牧业，饲养山羊、骆驼，南部以汉族为主，从事种植业、农牧结合以及放牧畜牧业。2013 年 6 月末全旗牲畜总头数为 121 万头（只），农区舍饲养殖规模达到 66 万头。[4]

————————

　　① 张茂林、马翔鹤、陶永红：《阿拉善左旗草原保护与建设现状及发展的思考》，《内蒙古草业》2008 年第 1 期。

　　② 裴浩、朱宗元、梁存柱：《阿拉善荒漠区生态环境特征与环境保护》，气象出版社 2011 年版。

　　③ 张金良、包根晓、吴文俊等：《阿拉善左旗草原畜牧业发展形势出现的问题及对策》，《内蒙古林业调查设计》2013 年第 5 期。

　　④ 《2014 年阿拉善左旗政府工作报告》，阿拉善左旗人民政府，2014 年。

二　生态补偿政策

阿拉善左旗地区的生态补偿政策以全年禁牧为主，即天然草场上不得放养牲畜，少量牲畜可以进行舍饲圈养，对此所造成的损失，政府以现金、实物或者替代性生计的方式进行补偿。在该地区，绝大多数牧户将牲畜出栏处理，在配套的生态移民工程下，搬迁到距离城镇较近、自然条件较好的地方集中安置。

20 世纪 90 年代开始，阿拉善左旗草原生态问题得到重视，尤其是一些研究认为阿拉善是北京沙尘暴的主要源头，[①] 更加推动了该区域草原的生态治理政策的出台。阿拉善左旗最早于 1999 年在贺兰山实施天然林保护工程，先后将 23 万头牲畜、1500 户 6000 多名牧民搬迁出来，并对其进行了相应的补偿与安置。2003 年，阿拉善左旗实施了第一批为期五年的退牧还草工程（截止到 2008 年），天然草原禁牧 160 万亩、划区轮牧 15 万亩。结合牧民搬迁工程，有 4 个苏木镇、16 个嘎查 1064 户 4082 人搬迁转移转产，11 万头（只）牲畜禁牧，并对牧户进行饲料补偿，年补偿 880 万千克。后将饲料补偿改为直接的现金补偿，补偿标准为 4.95 元/亩。2004 年，中央财政森林生态效益补偿基金制度在内蒙古正式启动实施，阿拉善左旗的灌木林为主要实施对象，主要通过禁牧的方式对该类草场进行保护，截止到 2012 年公益林生态效益补偿发放资金已达到 4591.98 万元，共涉及 12 个苏木镇 62 个嘎查 2221 户 8282 人。随着国家生态补奖政策的出台，阿拉善左旗的生态补偿政策在之前的基础上继续推进，截止到 2011 年，阿拉善左旗草原补奖机制区总面积达 7296.4 万亩（占草原总面积的 92.7%），其中禁牧区面积 5849 万亩（占草原总面积的 74.3%）、草畜平衡区面积 1447.4 万亩（占草原总面积的 18.4%），覆盖全旗所有的牧业嘎查和半农半牧嘎查。

---

① 刘晓春、曾燕、邱新法：《影响北京地区的沙尘暴》，《大气科学学报》2002 年第 1 期；岳乐平、杨利荣、李智佩：《阿拉善高原干涸湖床沉积物与华北地区沙尘暴》，《第四纪研究》2004 年第 3 期。

专栏 5.1　阿拉善盟禁牧措施①

（1）禁牧减畜的重点畜种为绵羊和山羊，减畜总量为70%，按照4：3：3的比例三年完成减畜任务，其中减畜量的30%羊单位进行舍饲圈养。

（2）调整畜群结构，按要求和比例小畜（除食肉羊）全部减掉，保留双峰驼10万峰，合70万羊单位。

（3）结合牧草良种补贴政策，调整种植结构，加大饲草料种植面积和生产能力，为舍饲养殖提供物质保障。

（4）加强畜牧业基础设施建设，整合惠农项目资金，对舍饲养殖户在棚圈、牧业机械、良种补贴等方面给予扶持，为设施畜牧业奠定基础。

（5）加大退牧户产业安置力度，结合游牧定居、移民扩镇、扶贫项目及廉租房等政策安置退牧户，并通过就业培训和政策引导，鼓励农牧民向二、三产业转移就业。

（6）加强草原管护力度，每10万亩聘用1名草原管护员，以合同的形式由苏木、嘎查和具体人层层签订管护合同，实行专人管护，明确责任、权利和义务，保障项目产生效益，持续发挥作用。盟级草原监理部门负责对全盟实行禁牧和草畜平衡的草原进行监督管理，各旗区草原监理所成立管护监察队，苏木镇安排专职草原监理人员，负责辖区内退牧草场的管护工作，加大对退牧草场监督和巡查力度，严禁在禁牧期间放牧利用，严厉打击偷牧以及与草原保护和建设无关的不法行为。

（7）禁牧时间、禁牧期限：2011年1月1日—2015年12月31日，禁牧期5年。

虽然生态治理的项目众多，但是其基本思路和实施方式大致相同，即以减少牲畜对天然草场的利用为目的，通过禁牧、休牧或者草畜平衡的方式，减少牲畜数量，并以实物（移民搬迁住房、基础设施、耕地等）或者

---

① 《阿拉善盟2011年草原生态保护补助奖励机制实施方案》。

现金进行补偿。如专栏5.1所示，《阿拉善盟2011年草原生态保护补助奖励机制实施方案》规定了阿拉善盟2011—2015年生态补偿的具体实施方式，简而言之是禁牧、休牧，同时配以饲草料种植补贴、生态移民、养老金补助等形式。截止到2015年，阿拉善左旗实施禁牧和休牧政策已有十余年（2003—2015年）。

由于禁牧政策批次的不同，具体实施方式也存在差别，但从"人—草—畜"的关系来看，牧户均被禁止继续在天然草场饲养牲畜。贺兰山沿线的牧户禁牧较早，草场被围封之后牧户搬迁到山脚下，除获得禁牧补偿外，牧户还被鼓励从事舍饲圈养或者耕种农作物，政府负责提供灌溉设施。在沙漠腹地和北部戈壁草场的牧户，按照草场面积获得禁牧补偿，且政府在离乡镇较近、自然条件较好的地区提供住房和耕地，牧户可以搬迁出来。

三　调研与数据获取

本书对南部贺兰山沿线、沙漠腹地以及北部戈壁草场的禁牧户进行了大范围的入户访谈（图5-2），了解了生态补偿政策的实施方式和影响，如表5-1所示，共收集52个牧户的畜牧业生产数据；同时，选取3个典

图5-2　阿拉善左旗地理位置及调研地点示意图

说明：·放牧区，▲禁牧户安置区。

型的生态移民安置区，包括温棚种植区、井水灌溉区和黄河提水灌溉区进行调研，收集了79个牧户/农户的相关生产数据。此外，研究组还调研了包括当地农牧局、扶贫办、水利局、自然保护区管理局在内的多个参与生态补偿政策制定和实施的部门，主要了解整体政策思路和实施方式，并获得了部分宏观数据。

表5－1　　　　　　　　　　阿拉善左旗调研地点及调查户数

区域		草场类型/ 主要安置方式	苏木/禁牧 区名称	调查户数 （户）	总计
放牧区	阿拉善左旗南部		嘉尔嘎勒赛汉	6	52
			额尔克哈什哈	14	
	阿拉善左旗中部		吉兰泰	8	
			巴彦诺日公	6	
	阿拉善左旗北部		图克木	5	
			敖伦布拉格	6	
			洪格日鄂楞	7	
禁牧户安置区	巴彦霍德嘎查	温棚种植	额尔克哈什哈 木仁高勒	35	79
	巴润别立镇 （又称腰坝滩）	灌溉农田	贺兰山沿线	15	
	李井滩	灌溉农田	额尔克哈什哈	19	
	布古图嘎查	舍饲圈养	贺兰山沿线	10	

由于阿拉善左旗大部分地区已经禁牧，放牧区内52个牧户主要是草场部分禁牧或者草畜平衡项目内仍然饲养牲畜的牧户，研究组所收集的信息用于了解草原畜牧业的生产方式，便于对禁牧前后的状况进行分析与比较。禁牧户的安置区相对比较集中，一般一个安置点会涉及不同苏木或者嘎查的牧户，为便于产业发展，政府在每地会扶持某一项生产，如可利用水源较为丰富的地区发展灌溉农业（如李井滩和腰坝滩），离城镇较近的地区种植温棚蔬菜（如巴彦霍德嘎查），还有些地区发展舍饲圈养的奶牛、育肥羊等产业（如布古图嘎查）。其中，李井滩和腰坝滩农业开发持续时间均在10年左右，灌溉农业仍然是禁牧户的主要收入来源。而在巴彦霍

德嘎查，禁牧户从 2008 年开始搬迁入驻，经过五年的跟踪（2008—2012年）调查发现由于水源限制，温棚蔬菜种植的牧户逐渐减少，400 多座温棚如今只剩下不到十分之一在使用。而在舍饲圈养的布古图嘎查，由于饲养成本较高，仅有少数几户还在饲养牲畜。因此，本书主要选取李井滩和腰坝滩的生产和生活数据进行分析，巴彦霍德嘎查和布古图嘎查的数据作为辅助材料。

第二节　尺度 I：政策目标尺度

在政策目标的尺度，生态补偿政策提倡"对生存环境非常恶劣、退化严重、不宜放牧以及位于大江大河水源涵养区的草原实行禁牧封育"①，因此放牧行为被禁止，牲畜限期处理，或者转为舍饲圈养，天然草场上不允许放牧。本节就上述禁牧政策产生的影响进行分析，主要包括三个方面：资源利用方式的转变、对草场生态的影响，以及对社会方面的影响。这里需要说明，由于禁牧区内的牧户已经搬离，该尺度内的分析不涉及经济收入情况，社会方面仅对目前草场的管理状况进行分析，其中强调牧民作为草原利用和管理主体的作用。

一　项目区内禁牧

在禁牧政策实施之前，草原放牧畜牧业是牧民的主要生产方式。禁牧之前，牧户以草原畜牧业作为现金收入来源，以此维持家庭生活及生产。牧户会根据草场长势、家庭收支等调整自己的畜群结构，一般情况下会保持一个比较稳定的畜群规模，以保证持续、稳定的收入来源。为了解牧区家庭与生产相关的收入、用水情况，我们对移出地 17 个样本的牲畜规模及结构进行了统计。调查结果如表 5 - 2 所示，平均每个牧户饲养的牲畜数量为 275 个羊单位，② 基础母羊占到 59％，产羔率 59％。③ 因为该地区

---

① 引自《农业部、财政部关于 2011 年草原生态保护补助奖励机制政策实施的指导意见》（农财发〔2011〕85 号）。

② 山羊、绵羊 = 1 个羊单位，马、牛、驴、骆驼 = 5 个羊单位。

③ 该地区羊绒也是畜牧业收入的主要来源，而羯羊的产绒量较高，所以羯羊比例比一般地区要高。同时因为环境较为恶劣，产羔率也比较低。

畜群以山羊为主，普遍占到牲畜数量的90%左右，绵羊主要给自己食用，所以本书在对牧业生产的系统进行计算时以山羊作为依据。牧业生产主要利用天然草场资源，为了保证牲畜的正常繁殖及羔羊成活率，要配合少量饲料喂养，因此牧业主要成本来自冬天的补饲花费。牧业的收入主要来源于出售活体，如淘汰老弱羊只和部分公羊羔，其余收入来自出售羊绒。水资源方面，牧户需要每天给牲畜饮水，水资源来自牧户自己的浅层井，雨水条件比较好的情况下，牲畜则可以直接从天然形成的水泡子获得水资源。

表 5 - 2　　　　　　　　　　　　牧区户均畜群结构

	母羊	羯羊	产羔率	母羊羔：公羊羔
比例（%）	59	41	59	1：1
数量（只）	154	121	90	45：45

数据来源：入户调查数据的统计结果。

　　阿拉善左旗禁牧之后，牧户脱离了畜牧业的生产方式，从依赖大面积的草场资源转为依赖小面积的耕地资源。禁牧户草场面积的调查数据显示（图5-3），户均草场面积为7900±4513亩，其中户均面积最大的为19000亩，最小的为2500亩。南部贺兰山地区草场植被产草量较高，户均草场面积偏小，而在沙漠或者戈壁地区，户均草场绝大多数在10000亩

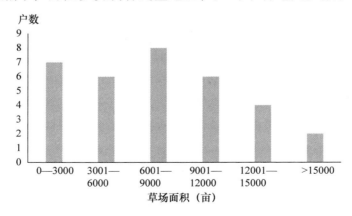

图 5 - 3　牧户家庭草场面积分布直方图（N = 33）

以上。

二　生态影响

基于牧民地方知识的生态评价

在阿拉善左旗，大部分草场植被以多年生的灌木为主，如霸王、珍珠、红砂、梭梭等，牧户作为长期以来的资源利用者，能够依据积累的地方知识对草场植被状态进行评价。为了从资源直接使用者的角度分析政策的生态效果，研究组对阿拉善左旗的 37 个牧户进行了访谈，问及他们所感知的生态效果及可能的原因（表 5 - 3）。

表 5 - 3　　　　　阿左旗牧民对生态效果的感知分析（N = 37）

政策实施前后比较	样本数	百分比（%）	具体描述（对应描述样本量）
明显好转	2	5.4	羊少了肯定草就好些了（1）
			人搬出去对草场的破坏就小了（1）
无明显变化	22	59.5	这几年都是干旱，差不多都是一个样，这个地方只要下雨草场就能好起来，天旱禁牧也没用（19）
			禁牧了，牲畜也没有减少，一些人把牲畜放在别人那里（2）
			我们这里有的人说是挖矿、炸山把山神给得罪了，草场就好不了（1）
较之前变差	2	5.4	禁牧之后反而退化了，进来挖蝎子、草药的人多了，牧民不在草场上了，也没有办法阻止（1）
			我家草场上几乎没有牲畜了，草场也没有变好，白刺都死了，白刺如果死了，锁阳也会减少（1）
正负效果都有	11	29.7	禁牧两三年的还好，但是时间长了草就不长了，下面的草长不出来，尤其是红砂、珍珠这些优质牧草都捂坏了（9）
			禁牧时间长了，草场里的害虫会变多（1）
			短时间草能长好，时间长了老鼠变多了，羊不能踩鼠洞（1）

结果显示，仅有5.4%的牧民认为政策减小了放牧压力，达到了保护生态的目标。其中，认为生态没有显著变化的牧民比例达到59.5%，持该观点的牧民绝大多数（19/22）认为降水是草场状况的决定性因素，与禁牧与否的关系并不大。如牧民最常见的回答就是"天旱禁牧也没有用，雨水好了，草一下就能长起来"，或者"草场好不好是老天爷的事儿，和禁牧没有关系"。此外，还有29.7%的牧户认为，目前的生态补偿政策可能会对短期的草场恢复起到一定的积极作用，但是从牧民的长期经验来看，草场不能完全没有牲畜采食，适度放牧有利于植被的生长，将牲畜完全排除在草场之外的保护方式，有可能加速草场植被恶化的趋势。比如，一些年长有经验的牧民表示，"草不能没有牲畜吃，时间长了草就不长了，下面的草长不出来，下面的草也都捂坏了"。牧民普遍认为牲畜除了对草场植被更新有正面作用，还是草场生态系统中不可缺少的一个元素，如"牲畜没有了，老鼠的洞就不会被牲畜踩踏，老鼠就多了，把草根都吃了"。

因此，牧户基于地方知识总体认为，禁牧短期内可以促使草场植被恢复，但是长期禁牧不仅不能保护草场，反而会因缺乏牲畜与植被、其他动物之间的反馈与制约关系，损害草场健康。

基于实地调研资料的生态评价

牲畜采食对于草场植被的更新作用，在实际调研过程中也得到进一步印证。研究组选取了位于贺兰山沿线已围封禁牧的草场，与围栏外有牲畜采食的草场进行了对比。之所以选取贺兰山沿线的草场进行对比分析，主要是这里位于贺兰山保护区内，距离巴彦浩特镇较近，是草原管理部门的重点监测地区，禁牧措施执行严格，而其他一些偏远地区往往会存在牧户"偷牧"的情况，并未完全排除牲畜的影响。根据实地调研的结果，如图5-4所示，在长期禁牧的珍珠草场围栏内，由于缺乏牲畜的采食，在生长季节存在大面积的枯草，并且大量植被上有虫网。而在相邻的围栏外，如牧民所描述的，牧草的生长旺盛，新鲜枝芽明显多于禁牧区内的植被。同样，在长期禁牧的红砂草场（图5-5），返青季节围栏内的新鲜植被生物量明显高于放牧区，但是新鲜枝芽却很稀少，而放牧区内的植被返青情况好于禁牧区。

基于监测数据的生态评价

研究组没有进行植被样方监测，为进一步说明禁牧对草场生态的影

图 5-4 生长季节禁牧区（左，禁牧 8 年）和非禁牧区（右）的
珍珠草场对比

（拍摄于 2010 年 7 月，贺兰山自然保护区周围，范明明拍摄）

图 5-5 返青季节禁牧区（左，禁牧 7 年）和非禁牧区（右）的
红砂草场对比

（拍摄于 2008 年 5 月底，贺兰山自然保护区周围，乌尼孟和拍摄）

响，本书对中国知网数据库上有关阿拉善左旗地区草场监测的相关文章进行分析，并将其主要结论及观点归纳总结。相关研究涵盖了阿拉善左旗所有的主要草场类型，包括红砂、珍珠、白刺、霸王、梭梭，以及贺兰山地区的草本植被类型。根据不同植被群落类型、禁牧时间长短对文献进行总结（表5-4），发现禁牧对植被呈现出非线性的动态影响。

表 5 - 4　　　　　　　　　　禁牧对阿拉善荒漠植被影响

监测植被群落	禁牧时间	起始年份	对照组	植被指标变化	代表作者
红砂+ 无芒隐子草（红砂为建群种）	4 个月	2001	放牧区	·植被盖度、产草量大幅增加 ·红砂种子数量大幅增加	王彦荣等
红砂+ 珍珠 霸王+ 红砂+ 白刺 针茅+ 冷蒿+ 杂草 …… （共8 种类型）	3 年	2002	禁牧前	·植被高度、盖度、产草量 3 年持续上升 ·相比禁牧前有显著提高	塔拉腾等
灌木+ 草本（贺兰山保护区）	3 年	1999	放牧区	·灌木和草本植物单位面积新增加个体数量和生物量明显增加 ·草本高度增加明显	田永祯等
灌木+ 草本（贺兰山保护区）	4 年	1999	禁牧前	·灌木植株数量、高度、盖度显著提高 ·草本植被高度、盖度、产草量提高	孙萍等
霸王+ 红砂+ 矮脚锦鸡儿	2 年6 年	2002 1998	放牧区	·植被生物总量、草层生物量和灌木生物量均为围封 6 年 > 围封 2 年 > 自由放牧	瞿王龙等①
灌木+ 草本（贺兰山保护区）	2 年6 年	2002 1998	放牧区	·围封年限的增加，植物的盖度、高度和生物量都呈显著增加趋势 ·围封样地一年生和多年生禾草的物种数显著高于放牧样地，而一年生杂类草显著低于放牧样地	裴世芳②

① 瞿王龙、裴世芳、周志刚、张宝林、傅华：《放牧与围封对阿拉善荒漠草地土壤有机碳和植被特征的影响》，《甘肃林业科技》2004 年第 2 期。

② 裴世芳：《放牧和围封对阿拉善荒漠草地土壤和植被的影响》，博士学位论文，兰州大学，2007 年。

监测植被群落	禁牧时间	起始年份	对照组	植被指标变化	代表作者
梭梭林	1 年 4 年 7 年 25 年	2005 2002 1999 1980		·1 年和 4 年封育效果最差 ·7 年封育，恢复效果最好，密度、生物量、盖度均高于其他组 ·25 年封育，盖度、密度和生物量均低于 7 年封育梭梭	陶格日勒等
梭梭林	5 年 9 年	1998 2002	放牧区	·前 3 年好于对照区，第 4 年开始产量低于放牧区 ·梭梭植物的枝条绿色部分长度均比放牧利用区的低，枯死率高	阿拉坦达来等
红砂、珍珠、白刺	7 年	2003	放牧区	·前 3 年返青及生物量均好于对照组 ·第 4 年开始低于对照组，且绿色部分的比例均下降，枯死率增加	阿拉坦达来等
灌木+草本 （贺兰山保护区）	10 年	2000	放牧区	·围封区的丰富度指数和多样性指数明显高于对照区 ·围封区和对照区的均匀度指数没有显著性差异，两种状态下的植被组成发生变化 ·禁牧区内灌丛旱生化加剧，砂粒含量增加，粉粒、黏粒含量下降	郑敬刚等
红砂、珍珠、白刺、霸王、优若藜、短脚锦鸡儿、梭梭 （北部吉兰泰、中部巴润别立）	5 年	2003	放牧区	·短期围封（3 年左右）植物的生长得到改善，有的出现猛长现象 ·长期围封禁牧，草原地带一般 5 年以上，荒漠地带一般 3 年以上，植被生长便会受到抑制，出现死亡现象 ·荒漠草原长期禁牧鼠害增加，雨季草本植被生长迅速，抑制灌木和半灌木植被生长	张金良等

　　在禁牧初期的4—5年内，无论是珍珠、红砂、梭梭等灌木植被，还是多年生及一年生的草本植被，植被生物量、高度、盖度均有非常显著的提高。如表5-4所示的研究中，王彦荣等对禁牧4个月的红砂草场的监测、① 塔拉腾等人对禁牧3年的8种类型草场的监测，② 以及其他学者在贺兰山保护区内（3—6年）对灌木和草本草场的监测均显示，消除放牧的影响有利于草场植被生物量、高度、植株数量等的恢复。③ 这一结论在所有文献中均得到证实，这也与上述部分牧民的感知相符合。

　　但是，随着禁牧年限的增加，植被的变化开始出现非线性的特征。如根据阿拉坦达来等人在阿左旗嘉尔格勒赛罕镇（同样为本书调研的区域）的植被样方调查数据，对从2003年开始禁牧的草场进行了研究。研究结果显示在禁牧后前3—4年，禁牧区的主要草场类型的生物量、盖度、高度、新枝条长度等各项主要指标都表现出上升趋势，而从禁牧后第4—5年开始各项指标都显示出下降趋势。且红砂、梭梭草场上建群种均出现了逐渐死亡的特征。在围封3年之后，禁牧区建群种红砂平均每丛绿色部分的比例明显低于对照区（禁牧区为36.7%，对照区为93.2%），而枯死株的比例明显高于对照区（禁牧区为20%，对照区为4%）；而梭梭草场中，围封5年、9年之后，禁牧区产草量、植株绿色比例及标准枝条绿色部分与干枯部分的比例与对照区相比均明显下降，而枯死率与对照区相比明显增加，且有随禁牧时间延长而增加的趋势。阿拉坦达来等认为，在禁牧之后，当雨水充足时，草本植物迅速生长，从而抑制了灌木和半灌木的生长；另外，如红砂、珍珠、白刺等建群灌木，牲畜长期不采食就会生长缓慢，并且慢慢会停止生长，出现大片大片的草场发黑（灌木枯死）的状况。④

---

① 王彦荣、曾彦军、付华：《过牧及封育对红砂荒漠植被演替的影响》，《中国沙漠》2002年第4期。

② 塔拉腾、陈菊兰、李跻、张继武：《阿拉善荒漠草地退牧还草效果分析》，《草业科学》2008年第2期。

③ 孙萍、王胜兴、赵玉兰、周兴强：《贺兰山退牧还林后森林植被调查及应采取的对策》，《内蒙古林业调查设计》2004年第z1期；田永祯、张斌武、程业森：《贺兰山自然保护区西坡退牧封育效果分析》，《干旱区资源与环境》2007年第7期。

④ 阿拉坦达来、张金福、包根晓：《长期禁牧对阿拉善左旗荒漠草原的影响》，《草原与草业》2011年第1期。

陶格日勒等人对梭梭林的研究显示，在围封时间分别为 1 年、4 年、7 年和 25 年的样地中，7 年封育梭梭恢复效果最好，而 25 年围封梭梭林密度、盖度和生物量均低于 7 年封育。围封时间过长会不利于梭梭林的恢复，主要是因为植株缺乏牲畜采食的自然修剪导致体积过大，不耐风吹；由于缺乏牲畜，如骆驼等的干扰，鼠类活动增加，对梭梭林破坏力增加；部分恢复的梭梭林对水、养分的竞争过大，导致新植株及其他生物死亡。①

张金良等人对阿拉善左旗主要草场植被，如珍珠、红砂、优若藜、霸王、短脚锦鸡儿和梭梭林等的监测数据显示，短期禁牧草场植被会迅速生长，植被产草量会在 3 年左右的时间内达到峰值，随后出现下降趋势。与此同时，样方内植被生长状况的监测数据显示，禁牧三年的红砂草场植被枯死率明显高于非禁牧区，梭梭林的数据同样显示长期禁牧区（5 年和 9 年）的植被枯死率较高。作者认为在禁牧初期，植被的生长是以快速消耗土壤水分和肥料为代价，长期并不利于草场恢复。②

郑敬刚等对贺兰山保护区内禁牧 10 年的灌木及草本植被进行研究，发现禁牧可以有效提高草场的植被多样性和生物量，但是却会增加旱生灌木的组分比例，导致灌丛化加剧，土壤砂粒含量增加，粉粒、黏粒含量下降，继续禁牧则会导致草场的退化。③

可见，实地监测的数据同样印证了牧民对于禁牧生态影响的直观表述。具体表现在，禁牧初期植被会迅速恢复，但是当禁牧时间过长（一般 5 年左右），植被会因为缺乏牲畜的啃食而更新受阻，植被群落结构也会发生变化。因此，禁牧对于草场生态的影响并不是一个简单的线性恢复的过程，而与禁牧时间的长短有关系，更需要注意牲畜在维持草场植被中的作用。因此，通过完全割裂"人—草—畜"的关系恢复生态的禁牧措施，并不一定能达到预期的效果。

---

①　陶格日勒、达来、布日古德、哈斯乌拉：《退化梭梭林禁牧封育周期的研究》，《环境与发展》2014 年第 z1 期。

②　张金良、包根晓、吴文俊等：《阿拉善左旗草原畜牧业发展形势出现的问题及对策》，《内蒙古林业调查设计》2013 年第 5 期。

③　郑敬刚、何明珠、苏云：《放牧和围封对干旱区草地生态系统的影响》，《河南农业科学》2011 年第 12 期。

三 社会影响

对草场资源的监管能力下降

阿拉善左旗草场上有多种生物资源和矿产资源，牧户的大量搬迁，减少了对草原的监督和管理，同时也削弱了传统应对外部破坏的能力。近年来，对这种类型资源的开发已经对草场造成了明显的不利影响，专栏5.2中引用《阿拉善盟农牧业局关于近年来周边外来人员破坏草原情况的报告》，列举了阿左旗草场面临最主要的外部破坏行为，包括搂发菜、捉蝎子和挖药材。

从20世纪90年代开始，在草原上搂发菜，挖苁蓉、锁阳等药材对植被造成了明显的破坏，近年来捉蝎子等也对植被造成了明显的破坏。在阿拉善盟左旗厢根达来苏木的牧民表示："禁牧后草场遭到宁夏来的回民挖苁蓉、捉蝎子的破坏。他们都是一伙过来的，一来几百人。有钱的用炸药炸地下，没钱的用铁锹挖地上面的，现在草地上全是坑，这生态咋能保护？"（调研记录，2010）在禁牧之前，牧户会通过放牧活动对外来人员的情况进行监督，并在社区内部形成保护机制。比如，贺兰山沿线的牧户反映，"以前捉蝎子的很少，我们（放牧时发现）会撵出去。现在（因为牧民移出）也没有人管理，他们把房子破坏得不像个东西。搂发菜的人破坏草场很厉害。原来集中放牧还好，现在东一个西一个，打工做买卖的，不敢管了。以前就是一下子（能够集中牧民）40—50个人，就出去赶他们，现在一个人在家不敢了"（调研记录，2010）。

专栏5.2　阿拉善盟农牧业局关于近年来周边
外来人员破坏草原情况的报告

（阿拉善盟农牧业局2013年3月20日）

二、周边外来人员破坏草原情况及其危害

（一）破坏草原情况

1. 搂发菜破坏草原情况

……

长期以来，外来人员搂发菜的非法行为一直是草原监督管理工作面临的一个顽疾。在暴利的驱使下，从上个世纪 80 年代开始，阿拉善盟草原便出现了大规模的搂发菜者，大多是来自宁夏回族自治区同心、海原、固原和甘肃省张掖、山丹、古浪等县（市）的农民，他们在草原上砍伐灌木，烧火做饭，并挖掘野外居住窝点"安营扎寨"，致使大面积的草场植被遭到严重破坏。有些搂发菜者甚至殴打牧民群众，偷窃、宰杀牧民牲畜，偷盗牧民财物，填埋牧民水井，纵火烧毁牧民贮草。1990—1998 年间，每年涌入阿拉善左旗采搂发菜人员近 10 万人次，破坏草原达 3000 万亩，偷杀、盗窃牲畜 2000 多头（只），造成直接经济损失 2000 余万元。据不完全统计，2006 年至今，来自宁夏、甘肃等地进入阿盟的外来人员累计达到 3 万余人次，破坏草原近 2000 万亩。

1990 年开始，阿拉善盟草原管理部门便积极与宁夏回族自治区有关部门联系，探索遏制搂发菜活动的有效途径，双方于 1997 年联合召开了"制止宁夏农民进入阿拉善草原搂发菜"的专题研讨会。此后，从保护草原的角度出发，宁夏回族自治区发布了禁止农民外出搂发菜、挖甘草的通知，进入阿左旗境内搂发菜的行为有所收敛。2002 年阿拉善盟开始实施退牧还草工程，禁牧使发菜长势良好，这些曾被取缔的"发菜大军"又卷土重来。这些人十天半月往返一次，一些搂发菜者配备摩托车等交通工具，举家长期居住在阿盟首府所在地巴彦浩特镇，改变过去驻扎在荒漠草原上的方式，每天清晨 6 时左右到达发菜生长地，9 时即行撤离，利用执法人员管理上的时间差，潜入人烟稀少的地区采集，使草原生态环境监理工作难度进一步加大。

2. 捉蝎子破坏草原情况

自 2006 年以来，阿盟草原上又出现一股"捉蝎大军"。草原蝎具有很高的药用价值，每斤售价近 200 元。在利益驱动下，宁夏、甘肃地区的农民及闲散人员犹如潮水一般涌进阿左旗草原，大肆捕捉草原野生蝎子，最多时捕蝎人员每日达千余名，每人每天捕蝎成千上万只。每年入夏开始，阿左旗、阿右旗沿山草场一带捕捉蝎子的外来人员数量开始猛增。这些人员三五成群骑摩托车，或驾驶面包车、农用车，有的甚至驾驶较大型的自卸货车成群结队前往阿盟境内草原，于天黑时在草原上进行捕蝎活动，次日凌晨离开。他们在草场上进行地毯式搜查捕捉与挖掘活动，大小不一的坑洞使当地草场满目疮痍，草原植被遭到了严重的践踏与破坏。这种肆意捕蝎行为，将使蝎子遭受灭顶之灾，严重威胁着草原生态平衡，经多年禁牧，植被日渐恢复的草原又一次遭受人为的肆意破坏。为遏制捕蝎者的滥捕行为，保护草原生态环境、维护牧民利益，草原监理部门每年对捕蝎人员进行清理。2010 年 7 月，阿盟草原监理部门联合有关单位开展了近一个月的集中清理行动，阿左旗共出动车辆 20 台次，执法人员近百人次，清退捕蝎人员近千人，当场销毁没收捕蝎工具，将非法捕捉的野生蝎子全部放生，阿右旗共清退机动车辆 36 辆，没收捉蝎工具若干件。据不完全统计，2006 年至今，草原监理部门累计清退捕蝎人员近 2 万余人次。

　　3. 采挖草苁蓉破坏草场情况

　　近年来，在阿拉善左旗南部退牧还草项目区大肆采挖草苁蓉现象逐年增多，自 2006 年以来，每年采挖人员达三四千人次，屡禁不止。据了解，前来采挖草苁蓉者是来自宁夏的农民或打工闲散人员。草苁蓉的采挖过程对植被破坏十分严重，采挖人员就地樵采多年生灌木生火取暖做饭，特别是早春乍暖还寒时节，采挖草苁蓉者采伐大量灌木烧热地面沙土，用来晚上休息睡觉。在当地超干旱荒漠草原植物中，能够用来烧旺火的灌木至少生长了七八年以上，而要恢复到原有状态同样需要相应的时间。这样的双重摧残，草场受到的破坏是毁灭性的。不仅如此，这个区域因为实施了退牧还草项目，牧民和牲畜全部退出，为天然植被自然恢复创造了条件，而采挖草苁蓉和樵采灌木，使退牧还草工程效果大打折扣。采挖草苁蓉的同时还产生大量治安问题，由于实施退牧还草工程，牧民大都在其它地方工作生活，牧业生产所用物品也大都存放在家中，而采挖草苁蓉的外来人员总是就近撬开房门住宿、烧水做饭，有的还故意破坏水井等生产生活设施。

　　……

禁牧之后，草原执法队伍代替牧民成为草原的唯一监管和巡查主体。

2007 年，仅阿盟阿左旗林业执法部门处罚并遣返的采挖草苁蓉（寄生在红砂根部的一种药材）者就超过 2000 人。[①] 以 2011 年为例，阿左旗沿贺兰山草场和李井滩一带捕捉蝎子的外来人员数量有所增加，每天进入的捕蝎人员达千余名，每天捕捉野生蝎子数量达 20 万只左右，截至 6 月底，阿拉善盟全盟共出动执法车辆 212 台次，出动执法人员 986 人次，清理劝退外来捕捉蝎子人员达 7000 余人次。尽管草原执法人员对破坏草原的行为进行严格的监察，但阿拉善全盟草原专职和兼职草原监督管理人员仅有 100 多名，平均每名执法人员要管理几百万亩草原，并不能进行有效监督。

这种监管的不足直接导致草场生态系统的破坏，并且部分破坏是不可逆的。比如，草原野生蝎子是草原虫害的天敌，对有效控制和预防虫害的发生起着至关重要的作用，这种捕蝎行为给生态系统的健康带来了极大的威胁。此外，挖药材、奇石和开矿等行为，直接破坏植被和土壤，由于阿拉善左旗气候极为干旱，建群种灌木生长极为缓慢，一旦被破坏，便极难恢复。因而，对这些破坏草原的非法行为的监控和打击对草原的保护极为关键。

长久以来牧民不仅仅是草原的利用者，同时也是草原的保护者。当牧民在草场上放牧时，他们会保护自己承包的草场，我们在调查中也发现牧民曾自发地组成巡逻队，对捉蝎子、挖药材等行为进行监控、举报和制止。然而，在禁牧和移民之后，牧民离开了草原，对草原的保护完全依靠政府执法，而由于草场面积广阔而人力物力资源不足，政府事实上难以对上述违法行为进行有效的控制。例如，捉蝎子的人往往于天黑时骑摩托车或驾驶面包车到草原，次日凌晨离开，很难进行监管。对于外来的采矿人员，阿拉善牧民谈道："禁牧后，牧民被移走，采矿严重，2008 年冬到 2009 年春一共开了 11 个井，主要为萤石矿。以前有牧民，开矿的要与牧民谈判，现在不用谈了。"（调研记录，2009）

牧民参与破坏草场的行动

另外，由于生态补偿项目的设计不当，种植业和舍饲圈养很难给移民提供可持续的生计。如春发号是阿左旗实施生态移民以来，资金、基础设

---

① 史万森：《当"禁令"面对"贫穷"的时候……——〈禁令频出为何止不住发菜耙子〉采写前后》，《新闻三昧》2007 年第 10 期。

施等投入最多的村。该村于 2007 年开始接受移民，2008 年 6 月项目结束。政府无偿为每户移民提供温棚一座、住房一套，还有羊圈，达到年龄的老人可以每月领取 570 元的养老保险金。政府希望通过种植温棚解决移民禁牧后的生计问题。由于搬迁的移民绝大多数都是来自较为偏远的牧区，常年以放牧为生，禁牧后转移到农业生产，从放牧专家，变为不懂技术的农业生产的外行，能够坚持从事温棚种植的移民很少。2008 年我们访谈的 22 户移民中，在移民 3 年后的 2011 年，依然从事温棚种植的仅剩 6 户，其余的牧户中有 5 户依然依靠牧区生活（老人孩子搬出来，年轻人还在牧区放牧），打临时工（开车、修路搬石头等体力活）的 8 户，没有工作完全靠养老金生活的 3 户。到 2012 年，由于缺水，所有牧户都已经放弃蔬菜种植，自谋出路了。水资源匮乏威胁着种植业的生产，这在腰坝滩、孪井滩等主要的农业开发区是一个比较严重的问题。相同的情况也发生在阿拉善右旗某嘎查，禁牧后政府给牧民在镇上建造了从事第三产业（餐饮、零售等商业）的房子，希望能够使牧民从畜牧业逐渐转移到服务业，结果牧民由于不善经营都卖给从相邻省份（如宁夏、甘肃）来的汉族人。缺乏可持续的替代生计，最终使得部分移民不得不参与到挖奇石、挖药材、捉蝎子等草原破坏性的活动中。

在 2014 年的调研中发现，由于禁牧过程中多数牧民将牲畜全部低价销售，[①] 并且禁牧政策长期持续，牧民一方面没有能力重新从事牲畜业，另一方面也无法对政策进行预期，所以部分牧民尽可能地希望能够从草场获得最后一些收益。在阿拉善左旗南部某嘎查，不少牧民主动邀请矿产企业到自家的草场上进行探矿开矿，以获得数量可观的土地补偿。

第三节 尺度Ⅱ：政策影响尺度

一 从项目区迁出的牧民转变为农民

20 世纪 90 年代末和 21 世纪初，阿拉善左旗先后实施了天然林保护和

---

① 在禁牧开始的几年中，牧户大量处理牲畜，二道贩子也因此压低价格，2009 年很多牧民将牲畜以 100—200 元的低价售出，而当时大羊的市场价格在 400—600 元。而之后几年的时间内，牛羊肉价格持续上涨，在 2012 年的调研中，牧区大羊的价格在 1000 元/只左右，发展成为可以繁殖的畜群则需要 10 万—20 万元，重新回归牧畜业对于牧民来说十分困难。

退牧还草工程，因为缺乏其他的生活技能，绝大多数牧户还是基本安置在第一产业，以农业种植为主，牧户分批从草原搬迁至安置点腰坝滩、孪井滩等农业开发区。此外，还有极少部分牧户从事运输业、服务业等工作，但是所占比例相对较小，兼顾代表性与数据获取的可行性，本书将主要以被安置在农业的牧户为分析样本。

腰坝滩又称巴润别立镇，蒙古语中是"西坡"的意思，即贺兰山的西坡，于20世纪六七十年代开发建设，是阿拉善地区最早开发的综合农业区。该地区几乎无地表水，但是由于正处于贺兰山脉的水文补给区，地下水资源丰富，为发展农业提供了条件。禁牧政策实施之后，贺兰山沿线的很多禁牧户被安置在腰坝滩，从事农业生产。

孪井滩地处阿拉善左旗和宁夏的边界，因距离宁夏段黄河较近，1990年国家水利部批准兴建黄河上游高扬程灌溉生态农业开发项目。工程于1991年破土动工，1993年水电主体工程基本完成，从宁夏中卫市北干渠引水，经四级泵站到灌区。2000年之后，孪井滩成为禁牧地区牧户离开草场后的主要安置区之一，先后安置阿左、阿右两旗33个苏木镇87个嘎查的牧民6000多人，安排困难企业、国营农牧林场站下岗职工近1000人，目前灌区人口8000多人。

二　生态影响

土地利用面积减少

随着牧民向农民身份的转变，生产方式从草原畜牧业生产变为农业生产，所利用的资源也由草场变为耕地。在禁牧搬迁之后，牧户主要依赖于土地相对集中的农业种植，牧户利用土地的面积与之前畜牧业相比大幅减少，多数牧户不足之前的百分之一。根据样本调查数据，腰坝滩与孪井滩平均每户移民种植农田的面积及结构如表5-5所示。由于气候较为寒冷，该地区每年只能种植一季作物，腰坝滩的主要作物为玉米、小麦、油葵、花葵，平均每户的种植面积为42亩。孪井滩的主要作物为玉米、油葵、西瓜，平均每户的种植面积为104亩。每户种植多种作物，目的是降低特定作物价格变化带来的风险。

表 5 – 5　　　　　　　　　**户均农作物种植结构**　　　　　　　　　（亩）

	玉米	油葵	小麦	西瓜	花葵	总计
腰坝滩	13	13	8	—	8	42
孛井滩	44	42	—	18	—	104①

数据来源：入户调查数据的统计结果。

对水资源的消耗增加

禁牧之后，进行农业生产消耗的水资源总量较之前的畜牧业用水量大幅增加。水资源方面，两地耕地均为水浇地，孛井滩灌溉水来自黄河，有取水配额的政策，腰坝滩灌溉水来自地下水，没有实施取水配额制度。孛井滩和腰坝滩的农业种植根据松土、播种、施肥等生产环节，共需要浇水 5 次，每种作物的灌溉次数和时间差异不大。如表 5 – 6 和表 5 – 7 所示，在 2009—2010 年一个生产周期内，安置地孛井滩和腰坝滩从事农业生产的户均水资源使用量分别为 55960m³、36411m³（表 5 – 7），而移出地从事牧业生产的户均水资源使用量仅为 645.5m³（表 5 – 6），可以看出户均水资源使用量有了大幅的增加，分别比移出地高出 86 倍和 56 倍。

表 5 – 6　　　　　　**移出地畜牧业生产成本收益与水资源使用量**

	母羊	羯羊	母羊羔	公羊羔
数量（只）	154.0	121	45	45
用水量②（m³）	337.3	265.0	21.6	21.6
用水总量（m³）	645.5			
饲料成本（元）	6468.0			
羊绒收入（元）	5993.7	7064.0	0	0
出售羊收入（元）	19170.0			
总收入（元）	32227.7			
纯收入（元）	25759.7			

---

①　孛井滩户均耕地面积的样本差异比较大，因为其中一些农户存在租入与租出大面积耕地的现象。

②　这里牧业的用水量没有包括饲料所需的水量，默认为其他地区的输入。

	母羊	羯羊	母羊羔	公羊羔
户均水资源使用量（m³/年）	645.5			

注：（1）计算依据为郝正里编写的《畜禽营养与标准化饲养》；（2）用水量，大羊是一年，饮水量为 6 升/天/只，而羊羔从出生到出栏是半年的时间，前两个月依靠母羊奶水喂养，不饮水，后四个月饮水量较大羊少，按照 4 升/天/只来计算；（3）牧户会在 12 月至次年 5 月对母羊补料（一般为玉米），200 克/天/只，价格为 0.7 角/斤；（4）根据与牧户的访谈，母羊的产绒量平均每年 4 两左右，羯羊为 6 两，羊绒价格为 97.3 元/斤，羊羔产绒较少，可以忽略；（5）出售羊的收入，牧民每年淘汰老弱病残及部分小羊羔，总体规模几乎不变，即出售数量与产羔数量相等，按照 2009 年的价格，213 元/只；（6）计算时间是一个生产周期，即从出栏后开始计算，直到第二年羊羔出栏。

表 5 - 7 　　　　　　安置地农业生产成本收益和水资源使用用量

作物种类	李井滩安置点			腰坝滩安置点			
	玉米	油葵	西瓜	玉米	油葵	花葵	小麦
用水量（m³/亩）	650	510	330	976	783	768	925
水费（元/亩）	200	140	100	68.6	55	53.9	65
化肥（元/亩）	182	124	182	103.7	51	66.6	115.3
农膜（元/亩）	45	0	45	0	0	0	0
种子（元/亩）	24	75	52	90.8	74.6	244	112.2
机耕（元/亩）	84	54	25	79.5	58	70.5	58
农药（元/亩）	10	10	10	8.8	6	8.8	6
收割（元/亩）	85	30	43	116.7	37.5	122.5	35
产量（斤/亩）	1400	400	6000	1500	600	600	715
价格（元/斤）	0.66	1.5	0.23	0.72	1.72	3	1.1
成本（元/亩）	630	433	457	468.1	282.1	566.3	391.5
收入（元/亩）	924	600	1380	1080	1032	1800	786.5
纯收入（元/亩）	294	167	923	611.9	749.9	1233.7	395
户均水资源使用量（m³/年）	55960			36411			
户均纯收入（元/年）	36564			30733			

资料来源：李井滩的生产数据来自当地农牧办公室，腰坝滩生产数据为入户调查数据的统计结果，户均数值根据表 5 - 5 计算所得。

调研中我们了解到，农业开垦对于地下水资源的利用造成地下水水位明显下降和盐碱化。腰坝滩一位访谈对象描述"每三年抽水的管子就会往下压一节，一节是 2.5 米"，还有访谈对象描述"现在用抽上来的水洗衣服，晒干之后（衣服）表面就是白白的一层；地里面也是白白的、硬硬的一层土皮，需要从其他地方买农家肥和土壤改良耕地"。

三　社会经济影响

对牧户纯收入的影响

在阿拉善左旗，通过政策实施前后的情况对比分析发现禁牧户的纯收入稍高于非禁牧户，但是同时由于生活方式的转变，生产成本也在增加。在纯收入方面，禁牧前的纯收入为 9728±8688 元，禁牧后为 10703±8183 元。同时，禁牧前的生活成本年均为 8756±6221，仅仅为禁牧后（25699±5450 元）的 34.1%。由此可见，安置地与移出地相比，虽然纯收入有所增加，但牧户的生活开支大幅提高。如图 5-6 所示，在安置地的生活支出普遍高于移出地，平均为移出地的 3 倍。调查中发现，这些支出主要来源于电、取暖、奶、肉食等方面的消费，而在牧区因为有太阳能、风能、牛羊粪，能源方面比较充足；肉食全部由牧户的牲畜提供，也无须格外支出。除去生活开支，安置地和移出地每户牧民平均储蓄分别为 10703 元和 9728 元。虽然安置地牧户家庭年底储蓄与移出地牧户基本持平，但是由于第二年春天农业生产需要购买化肥、农药等生产资料，为了减少贷款金额，移民家庭会尽量把这部分储蓄用于第二年的生产，可用于提高生活质量的钱并不充足。以饮食为例，牧区每个家庭年均自食羊达到 10—20 只，但是在移民点，牧户普遍表示舍不得买羊肉，一年也只能消费 2—3 只羊。这对于长期以食肉为生的牧民来说，算是一种生活质量下降的体现。此外，奶食品也是牧民家庭的主要食物，比如可以制作奶茶、奶酪、奶豆腐，但是禁牧之后，牛奶只能自己购买，所以现在移民家庭大量减少了奶食品的食用。

水资源缺乏及波动增加了牧户的经济风险

天然草场的畜牧业生产过程中，灾害年份牧户可以通过走场、处理牲畜等方式应对，但是灌溉农业在水资源提供的时间、数量、质量上都有更

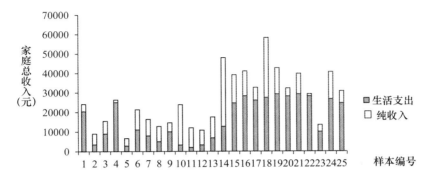

图 5 - 6　2009—2010 年移出地（样本编号 1—14）和安置地
（样本编号 15—25）牧户的家庭纯收入和生活支出

加严格的要求，水资源供应不及时、供应量不足以及水质变化都直接影响作物产量，导致生产经营风险。

　　首先，灌溉用水供应不及时和不足的现象时有发生，对农产品价格和产量造成巨大的影响。在孪井滩，供水不及时的现象更加显著，主要受到灌溉设施不足和气候两方面的影响。从水资源的获取方面，孪井滩主要依靠黄河的四级提水，调查中 100% 的牧户均反映，会出现供水量不足或者时间延迟的现象。孪井滩共有机井 349 口，平均每口机井的使用户数为 10户。在农忙期间，每亩农田的灌溉时间为 1.5 小时，一般家庭的户均种植面积为 40 亩左右，将所有农田灌溉完成需要 60 个小时，10 户则需要 25天左右的时间，遇到干旱，则需要更长的时间。调查中牧民普遍提及，"每到浇水的时间，就不能睡觉，连夜把地浇完，户与户之间的矛盾在这个时候也最多，很多时候前面一家的浇完了，另一家的（耕地）没淹上就旱死了，火气一上来就打起来了"（访谈记录，2010）。按照当地农业种植的需求，应该是 25 天灌溉一次，由于提水点与耕种点相距较远，每到夏天蒸发量大的时候，水资源供应就不能按时，有时甚至推迟十几天。而牧户的生产也因此受到影响，调查中，牧户普遍认为水量是否充足显著影响了农作物的产量。孪井滩一个牧户提道，"2009 年因为播种之后没能及时灌溉，产量下降了 1/3"。农作物的价格受收获时间的影响较大，其中对西瓜的价格影响最为明显。农户说"好年成"即指水能按时供应，西瓜及时上市的时候，一亩地毛收入约 2000 元，"不好的年成" 即指供水延迟的时候，其他地区的西瓜已经上市，则会损失很大，毛收入在 1000 元左右，有时甚至无人购买。这给移民的农业生产增加了风险。

李井滩和腰坝滩农业生产成本较高，分别占到了毛收入的 59.7%、36.2%，主要集中在水费、化肥、种子、农机、雇佣等方面。特别是，李井滩的生产成本中水费占到总成本的 30.4%。随着水资源供应量的不足，水电费将进一步上涨，生产成本也将随之增加。

此外，农业生产对流动资本的高度依赖给可持续生计带来风险，而水资源供应的不确定性又增加了这一风险。由于农业生产的成本较高，农民进行下一年生产往往需要贷款来启动耕种，而收获之后又需要马上还贷，以保证下一年还可以顺利贷款。在调查的李井滩和腰坝滩的种植户中，所有家庭都需要贷款，主要用于春天开始的种植，而不是扩大再生产。所以移民在农业生产上陷入了一个依靠外部资本运行的怪圈，当外部资本无力支持或者因生产受损无法偿还时，移民将会面临资本短缺的风险，而上述水资源水质、水量、供应时间的不确定性无疑又增加了这一风险。

第四节 尺度Ⅲ：生态过程尺度

一 生态系统特征——水资源稀缺

干旱区水资源稀缺，水资源是维持该生态系统的关键因素，同时也是经济社会发展的瓶颈，[①] 在本书所选取的阿拉善左旗和精河县，水资源稀缺的状况也尤为显著。下文将从自然降水、地表水以及地下水三个方面描述案例地的水资源状况。

大气降水为阿拉善左旗的主要补给水源，但该地区降水量少且不稳

---

① Chao Bao, Chuang – lin Fang, "Water Resources Constraint Force on Urbanization in Water Deficient Regions: A Case Study of the Hexi Corridor arid Area of NW China", *Ecological Economics*, Vol. 62, No. 3, 2007; Paoloni, J. D., Sequeira, M. E., Fiorentino, C. E., Amiotti, N. M., Vazquez, R. J., "Water Resources in the Semi – arid Pampa – Patagonia Transitional Region of Argentina", *Journal of Arid Environments*, Vol. 53, No. 2, 2003.

定，蒸发量远大于降水量。根据 1955—2012 年的降水数据，阿拉善左旗的年降水量为 107 毫米，最高值为 1961 年的 227.4 毫米，最低值为 1965 年的 48.8 毫米。但年均蒸发量南部为 2813 毫米，中部为 3005 毫米，北部为 3199 毫米，是年均降水量的 18—22 倍。

阿拉善左旗几乎没有地表水资源。根据《阿拉善左旗旗志》记载，全旗 8 万余平方千米的土地上，黄河从东部边境流过，行程仅 85 千米，流域面积 30.91 平方千米，除此之外基本无地表径流。境内湖泊主要分布于腾格里沙漠和乌兰布和沙漠中，以咸水湖泊居多，位于沙漠的边缘地带；淡水湖泊数量较少且集水面积小，多位于沙漠腹地，可利用的湖泊淡水资源较少。此外，在贺兰山脉形成了一些季节性沟谷溪流，但是长度在 10 千米以上的常年溪流数量较少。

地下水是主要生产及生活水源，可开采量较少。全旗水资源量为 10.089 亿立方米/年，其中地下水资源量为 9.757 亿立方米/年，占到水资源总量的 96.7%，地下水的可开采量为 2.49 亿立方米/年，占地下水资源总量的 25.5%。通过对当地水利部门的访谈可知，当地目前尚可开采的水资源量已经极少，随着社会经济的发展，各种用水矛盾逐渐显现，如城镇绿化用水与生活用水、农业用水与工业用水等，水资源对社会经济发展的制约作用越来越明显。

二　禁牧导致草场压力减小但农业用地增加

从阿拉善社会生态系统整体的情况来看，截止到 2011 年，阿拉善左旗的禁牧面积已经占到可利用草场总面积的 80% 以上（图 5-7），牲畜数量在 2003 年之后也逐年下降（图 5-8），"人—草—畜"所组成的系统在禁牧区内解耦。由于依靠农业种植的方式安置禁牧牧民，在禁牧的同时耕地面积逐渐增加，2013 年的耕地面积比 2000 年增加了近 1 倍（图 5-9）。可见，随着禁牧政策的实施，牧民虽然减少了畜牧业对草场植被的利用，但将资源利用的方式转变为农业种植，社会系统在其他范围内与生态系统产生联系。目前的禁牧措施是通过集约化的方式将牧民集中以保护更大范围内的草场，从对土地面积的影响来看，社会系统对草场生态系统的影响

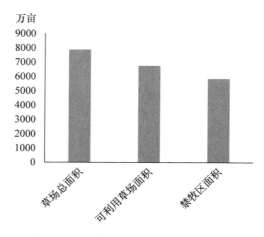

图 5 - 7　阿拉善左旗 2011 年禁牧情况

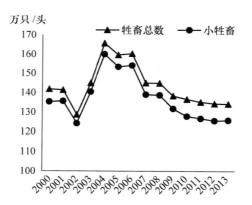

图 5 - 8　阿拉善左旗 2000—2013 年牲畜数量

确实减小，实现了"大面积搞生态，① 小面积搞生产"的目标。但是从系统整体来看，社会系统对生态系统的压力是否减小取决于禁牧后的农业生产对生态系统的影响。农业与牧业生产是两种不同的生产方式，人与自然的作用方式也截然不同，因此对于生态系统的影响不能仅用植被指标进行

① 这里"生态"不强调其实际效果，而是说大面积土地用于生态恢复，而小面积土地用于发展生产。

表征，更重要的是研究其影响机制。

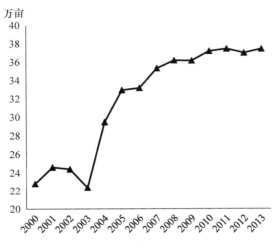

图 5 - 9　阿拉善左旗 2000—2013 年耕地面积

三　强化了尺度Ⅲ的水资源约束作用

从全旗的生态目标来看，禁牧的生态补偿政策制定预期，不仅仅指向恢复草场植被，还要能够涵养水源，增加贺兰山区的蓄水能力，缓解全旗的水资源紧张问题。但是正如左旗水务局局长所说："我们也非常困惑，退牧还草、封山育林之后水应该很多，但是也没有（感到明显改善）。"进一步调查发现，农业种植面积的增加直接影响了全地区的水资源消耗，据阿拉善左旗水务局的数据，农业种植的耗水量占到全旗水资源消耗总量的90%以上（阿拉善左旗水务局访谈数据，2010）。而对于阿拉善左旗来说，在最近十几年的时间内，水资源成为限制该地区社会经济发展的主要因素，同时也成为新的更加严峻的生态问题。本书对阿拉善左旗政府部门，如水利局、农牧业局、扶贫办、贺兰山自然保护区管理局、林业局、草原站进行了访谈，还访谈了腰坝滩、李井滩、巴彦霍德嘎查等调研地点负责农牧业工作的官员，对目前经济发展和生态保护两个方面的重点工作进行了了解。

从各个部门的表述来看（如表 5 - 8 所示），水资源已经成为当地最大的社会与生态问题。从政府官员的话语分析中可知，禁牧所造成的农业开垦具有"双重效果",一方面是在保护草场植被过程中减小草场压力的正面作用,另一方面是在水资源消耗中的负面作用。随着牧业人口向农业的转移,阿拉善左旗整体上已经面临新一轮的资源压力,农业用水占到水资源消耗总量的 90% 以上,这与城镇居民用水、绿化用水、工业用水均存在矛盾(水务局访谈,2010),也成为节水的重点对象。如在本书的案例地腰坝滩和孳井滩,由于全市节水的需要,农田面积大幅度缩减,腰坝滩由 8 万亩缩减到 6.5 万亩,而孳井滩计划开发的 24 万亩农田也仅实现 8 万亩左右。一位孳井滩的政府官员表示,"现在巴彦浩特城市用水不足,正在筹划将孳井滩的农业用水引到城市弥补缺口,近些年孳井滩在建设工业园区,也将分流农业用水,到时只能是农业让位于工业和城市用水,农业用地面积会进一步缩减"(访谈记录,2010)。届时那些因禁牧政策被安置在此地的牧民,可能面临再次移民或转产的困境。同时,除了缩减种植面积,节水灌溉成为今后农业发展的方向,但目前由于投入较高仅有少量农田铺设了滴灌设施。

表 5-8　　　　　　　　政府部门对阿拉善左旗社会及生态问题的表述

部门(访谈时间)	表述
左旗水务局 (2010)	退牧还草、封山育林之后,水应该很多,但是没有。 用水量最大的是农业,腰坝滩的缺口最大。巴彦浩特南边的井今年很多都干了,过去北部有很多自流井,水都冒出来,现在都没有水了,整体的水位下降了,也不知道是什么原因,应该不是天旱。 因为水打官司打得很多,绿化也重要,农民也要过生活,矛盾越来越大,绿化把水都渗下去了。今年到处都卖水。日本人(来到这里)搞生态,沿山种枣树,打了两眼井,但是也是没有水。 今年开发了全旗的最后一个水源地,已经没有其他后备水源可以用了,再有缺口只能从外面调水
左旗自来水公司 (2010)	阿拉善左旗每天的缺水量在 3000—4000 m^3。 从 2009 年 1 月 15 日到现在,西滩水源水泵一直都没有停过,但是以往,只是夏天的时候 7 月或 8 月启动 1 个月就可以了,山上的水就够了。西滩现在就是满负荷运转了,而且很多水泵本来功率没有那么大,后来都改大了

续表

部门（访谈时间）	表述
左旗扶贫办 （2011）	我们这里最缺水，不能再搞种植了，对于我们最头疼的就是（如何进行）产业无土安置，没有土地的情况下让牧民转产。 鼓励牧民继续在原有的土地上生产，种一些梭梭、锁阳、苁蓉，或者从事挖奇石之类的产业
腰坝镇，农牧业办公室（2010）	20世纪70年代的时候，腰坝滩东边的井有20—30米深，西边也就4—5米深就见水，现在东边（要挖到）120米，西边（要控到）40—50米（才出水）。 地下水盐碱化程度高。盐碱化太高，都不能种地，作物长不出来。 去年开始从四个方面节水：压缩耕地，减小种植规模；调整结构，控制耗水作物，种植节水作物；推广工程措施，如滴灌等；控制用水总量，安装水表。 压缩种植面积，9万亩耕地压缩到6.5万亩
腰坝镇，铁木日乌德嘎查领导（2011）	1999年禁牧以来地下水水位下降了5—6米，贺兰山明水现在逐渐也减少了。 沙窝子的咸水会倒灌，植被也就不能生长了
李井滩生态移民示范区书记（2009，2011）	现在黄河水供应不上了，计划是开垦24万亩农业用地，现在只有11万亩，去年种了8.8万亩，今年7.7万亩。 将来巴彦浩特镇用水和工业园区还要分一部分水，农业用地面积更要缩小了

第五节 小结

由阿拉善左旗禁牧的案例可以看出，生态补偿政策虽然目标在于恢复项目区内的生态，但是其生态及社会影响不只局限该尺度之内，为了实现项目区内禁牧的目标，社会及生态过程在更大尺度的系统内进行，生态补偿政策的尺度效应在此案例中凸显：

首先，在禁牧区的尺度Ⅰ中，社会生态系统与草场生态系统割裂，通过将牲畜和牧户排除在外的方式恢复草场生态，禁牧对于草场生态的效果具有时间尺度效应。牧户感知、实际调研和植被监测数据的研究均表明，在短时间尺度内（3—5年）禁牧起到了一定的效果，表现为植被生物量、高度、植株数量的显著增加。但是长时间尺度（5年之后）内，草场植被恢复的效果呈非线性的动态，具体表现为枯死植株增加、植被更新缓慢、植被群落发生改变。在社会影响方面，禁牧削弱了牧民对草场的利用和管理，政府草原执法人员成为管理主体，其最大的影响体现在草场面积广阔和执法人员不足之间的矛盾，造成外来破坏者进入阻力减小，挖草药、捉蝎子、搂发菜等破坏行为增加。此外，由于牧民禁牧之后生活方式不适应、收入减少等原因，部分牧民被迫返回草场从事一些具有破坏性的草原资源利用活动。

其次，为了达到禁牧的效果，牧民被安置在项目区以外的区域从事农业生产，从更大的尺度Ⅱ来看，实际上是改变了社会系统和生态系统的作用方式。农业生产集约化利用土地，减少了牧民对于大范围内草场的影响。但是，土地的集约化生产背后是水资源的大量消耗，户均生产用水相比以往的畜牧业生产增加数十倍。在社会影响方面，集中居住方式有利于提供医疗教育等基础设施和服务，但是牧户的经济收入从畜牧业的低投入低产出，转变为农业的高投入高产出。对比研究发现，禁牧户的年均纯收入（户均10703元）与禁牧前（户均9728元）基本持平，并且由于农业生产现金流动的特点，牧业转为农业之后用于提高生活水平的现金并不多。此外，由于水资源短缺和水资源供应时间波动的影响，农业生产同样面临着巨大的风险。

从生态过程的尺度Ⅲ来看，上述两个尺度的累积效应体现为草场上牲畜压力减小，但是水资源的压力增加，水资源短缺成为阿拉善左旗最主要的生态问题，而社会经济的发展也因此受到越来越严重的制约。

综上所述，在较短的时间尺度内评价禁牧的生态效果是正面的，但是从更大的时间和空间尺度来看，禁牧配合农业生产的方式会带来诸多负面影响。禁牧区内的植被会因缺乏牲畜的采食而无法更新，草场生态会因无法得到有效的监管而遭到更多外来者的破坏。更加值得注意的是，"小面积搞生产"的农业种植方式会进一步加剧干旱区水资源的紧缺，约束当地的经济发展，并且对当地整体生态系统造成不可逆转的破坏，这种尺度间的相互作用将在本书第六章具体阐述。

第六章 休牧政策的多尺度影响分析

　　休牧同样是我国草场生态补偿政策中的主要措施，禁牧针对的是连片退化的草场，大面积地围封禁牧，而休牧则是针对部分退化比较严重的草场，将该部分草场季节性禁牧，并对牧民的损失予以补贴，牧民仍然以畜牧业为主要生产方式。为了保障饲草料的充足，水土条件允许的地方可以开发饲草料地，同时也可以促进畜牧业的转型，由传统的草原畜牧业向现代化的方向发展。本章选取新疆精河县为案例地，该地区对退化较为严重的春冬草场实施季节性禁牧，并为牧户提供禁牧补贴及饲草料地。按照本书构建的分析框架，仍然分三个尺度进行分析：在休牧政策实施的村庄尺度上，回答牧民的生计和草场生态发生了怎样的变化？在政策影响的尺度上，分析在政策的影响下，村庄上的变化如何与外界产生联系？"成功"村庄的背后是什么，以及其模式推广的可行性有多大？最后分析在相对完整的生态系统尺度上，即精河县所处的艾比湖流域上，生态补偿政策又会造成怎样的影响？

第一节　案例地介绍

一　自然社会背景

　　精河县隶属新疆维吾尔自治区博尔塔拉蒙古自治州，位于新疆维吾尔自治区西北部。精河县气候属典型的北温带干旱荒漠型大陆性气候，由于县境内地势垂直高度悬殊，南高北低，海拔最高点为4700米，最低点为北部的艾比湖198米，降雨量也由西南部的300—500毫米，降低到东北部的60—80毫米，年均降雨量为90毫米左右。该县境内有精河、大河沿子河、阿卡尔河及托托河 4 条河流，其中精河水量最大，精河与大河沿子河最终注入艾比湖（图 6 - 1）。艾比湖位于精河县的北部，由于其位于准格尔盆地的最低处，成为准噶尔盆地的汇水中心，博尔塔拉河流域、精河流域与奎屯河流域的 6 条河流共同维持着艾比湖湿地生态系统的需水量，在维系整个北疆荒漠系统方面发挥着重要的作用。

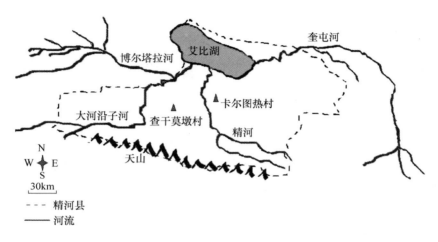

图 6 - 1　案例地地理位置示意图

精河县是一个农牧结合的半农半牧业县，共有 826 户纯放牧户，天然草场面积达 1075.57 万亩，可利用面积为 1038.71 万亩。在休牧定居政策之前，牧户收入来源全部依靠畜牧业，饲养牲畜主要是绵羊、山羊、牛、马、牦牛和骆驼。定居前牧户均保持着传统的垂直四季游牧的放牧方式：6—9 月在海拔较高（2000—3000 米）、气候凉爽的夏季草场，草地类型以高寒草甸和山地草甸为主，由于雨水充沛，草场质量较好，主要用作牲畜出栏前抓膘；9—12 月移动到地势相对平缓的秋季草场，草场类型以平原荒漠为主，兼有部分低地草甸草地；12 月至次年 3 月在冬草场，这里处于逆温层或者是阳坡、避风坡，冬季相对温暖，草场类型包括山地荒漠、山地草原、山地草甸草原等；3—5 月牲畜移动到春草场，这里有打草场备下的草料，3 月底 4 月初开始接羊羔。20 世纪 90 年代，全县开始推广游牧民定居政策，但由于当时政府对牧户的支持力度不大，同时缺乏种植饲草料地的自然条件，多数牧户是在 2000 年之后陆续定居在各自的秋草场，每个牧户可以在定居点周边开垦饲料地，到调研为止，几乎所有纯牧户均已定居。

二　草场生态补偿政策

精河县自 2003 年起开始实施退牧还草工程，2003—2008 年，精河县已累计投入资金 10135 万元，连续 6 年实施了天然草原退牧还草项目，天然草原退牧还草总面积达 480 万亩，其中禁牧 160 万亩、休牧 290 万亩、划区轮牧 30 万亩。[①] 2012 年，精河县共为 416 户 2214 名牧民发放了 2008—2010 年度天然草原退牧还草项目补助资金 324.84 万元，当地牧户已参与退牧还草工程 8 年。在退牧还草工程的实施过程中，"积极推广舍饲、半舍饲的生产技术，转变草原畜牧业生产经营方式和牧民靠天养畜的传统观念"是工程的主要目标。精河县草原生态补助奖励机制项目，自 2011 年 11 月 20 日起实施，至 2016 年 11 月 19 日结束，在该县艾比湖区域（200 万亩春秋草场）和博罗霍洛克山区域（171.15 万亩冬草场）实施禁牧 371.15 万亩，涉及 6 个乡（镇、场）2791 户牧民，退牧牲畜 23.81 万绵羊单位；在夏草场和春秋草场按照 30%、30%、40% 的退牧比例分三年完成牲畜转移安置计划，五年实施草畜平衡 525.02 万亩（春秋草场 319.82 万亩、夏草场 79.91 万亩、借用伊犁夏草场 17.8 万亩、冬草场变夏草场 107.49 万亩），户均获得生态奖补金额 17783.57 元。

三　调研与数据获取

本书选取了当地作为政策示范"成功"模板的查干莫墩村和政策效果相对较差的卡尔图热村作为案例地，如图 6-1 所示，两村均位于精河县的中部，距离艾比湖西南岸不足 50 千米，同属于艾比湖流域。两村草场面积，休牧、定居时间基本相同，生活状况与政策实施前相比并无明显差异。其中查干莫墩村除一户哈萨克族外，全部为蒙古族，卡尔图热村全部为哈萨克族。[②] 为顺利收集资料与数据，研究组分别在蒙语翻译和哈萨克

---

① 精河县环保局内部资料，2010 年。
② 两个村庄的民族虽然不同，但是本书中并未发现民族差异对于政策有显著影响，因此不做特别分析。

语翻译的帮助下进行调研。

　　查干莫墩村和卡尔图热村分别有纯放牧户76户和38户，笔者于2011年7—8月进入案例地，采用半结构式访谈、问卷调查、第二手资料收集的方式对牧民休牧定居政策实施前后的情况进行了调查。在抽样方面，由于休牧定居后案例地的主要收入仍然来自牧业，查干莫墩村和卡尔图热村2010年的收入来源结构中牧业收入分别占到了75.9%和67.4%，每户家庭所拥有的牲畜数量可以作为反映牧户生活水平最为直接的信息，同时也可以间接反映牧户利用草场资源的状况，故本次调查首先在熟悉当地情况的人员的带领下进入村庄，按照牧户所拥有的牲畜数量，[①] 如表6-1和表6-2所示，将其分为贫困、中上等、中等和富裕四组。[②] 之后，在这四组内采用随机抽样的方式选择访谈牧户，两个村庄的样本量分别为23和16，抽样比例分别占到了全村纯牧业户总数的30.3%（23/76）和42.1%（16/38）。

表6-1　　　　查干莫墩村23户抽样牧户拥有牲畜羊单位的频数分布

富裕程度	7月羊单位	户数（户）	占样本户数比例（%）	占全村户数比例（%）
富裕	1501—2000	2	8.7	10
中上等	801—1500	7	30.4	40
中等	301—800	11	47.8	40
贫困	0—300	3	13.0	10

表6-2　　　　卡尔图热村16户抽样牧户拥有牲畜羊单位的频数分布

富裕程度	7月羊单位	户数（户）	占样本户数比例（%）	占全村户数比例（%）
富裕	601—800	2	12.5	10
中上等	401—600	4	25.0	40
中等	101—400	7	43.8	40
贫困	0—100	3	18.8	10

　　注：表6-1和表6-2中"占全村户数比例"是根据村长给出的比例。

---

　　①　查干莫墩村和卡尔图热村两个村子平均每户家庭人口数量分别为4.74和4.41。
　　②　这里的贫富程度仅是对于本村内的情况而言。

在访谈方面，围绕牧民休牧定居前后生活情况、经营方式、资源利用等方面展开调查，主要信息包括：（1）基本情况，如人口、牲畜规模、收入结构、草场面积、饲草料地种植等；（2）生产方式：休牧定居前的游牧方式，休牧定居后的牧业、农业生产；（3）资源利用：休牧定居前后天然草场、饲草料地、水资源利用方式的转变等。此外，对县畜牧局、草原站、州畜牧局和水利局等相关政府单位进行了访谈，深入了解当地游牧民定居的政策背景和当地的自然资源条件，并获取相关文件和气象监测数据。

第二节　尺度Ⅰ：政策的目标尺度

一　项目区内牧业变为半农半牧

查干莫墩村为博尔塔拉蒙古自治州的典型示范点，其以饲草料种植代替春冬草场的休牧方式，成为当地政府推广的政策方式。查干莫墩村是一个由蒙古族组成的村落，传统上一直是依靠天然草原发展畜牧业，并无农业，仅在春季草场有灌溉草场①作为全村的打草场，但并无开垦土地。为了保护草场生态和改善牧民的生活条件，当地政府将退化较为严重的春冬草场列为季节性休牧草场，并鼓励牧户在水资源条件较好的秋草场开垦饲料地，每户允许开垦 200 亩的土地，以弥补天然草场的不足。同时，政府为查干莫墩村提供建房补贴，鼓励牧户集中定居在饲草料地的周边。

因此，牧户的生产和生活方式发生了巨大改变，从传统四季游牧的方式转变为同时从事种植业的半农半牧的生产方式。本部分旨在通过对比政策实施前后查干莫墩村生态和社会两方面的变化，分析村庄尺度的社会生态系统内部所发生的变化。

二　生态影响

对天然草场的利用减少

对于草场的利用方式从靠天养牧转变为部分依赖周边农田。上文对阿

---

① 灌溉草场是指在有地表水源的地方引水到草场，秋天的时候储存该草场上的牧草，作为冬季及春初的储备草料。这部分水源来自春季的高山融雪。

拉善左旗案例地的介绍已经提及根据当地自然地理条件传统的四季游牧方式，这种放牧方式完全依赖于天然草场，只会在接羔期间补充少量饲草料。休牧定居之后，传统放牧方式发生了巨大的改变，牲畜可以在定居点过冬，这主要有赖于定居点饲草料地的种植及其周边农业种植的迅速扩张。在所调查的 23 户牧民中，所有牧民都已在定居点盖上棚圈，并种植饲草料地，平均每个家庭种植饲料玉米 7.4 亩，饲草苜蓿 25.7 亩，并会在入冬前购买玉米、棉壳等，作为牲畜过冬的草料。如图 6 - 2 所示，定居后放牧时间从定居前的一年 12 个月利用天然草场，改变到现在 6 个月利用天然草场，其余 6 个月利用耕地上的剩余作物。

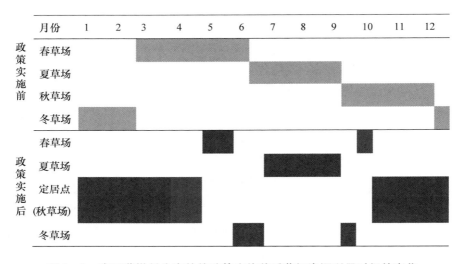

图 6 - 2　查干莫墩村生态补偿政策实施前后草场资源利用时间的变化

四季游牧变为两季游牧

传统的四季游牧基本上变成了两季游牧。休牧政策实施之后，牧民驱赶牲畜在 4 月 20 日前后离开定居点，途经春草场、冬草场，放牧约一个月的时间，然后到达夏草场。在 9 月初就要从夏草场搬下来，按照原路返回，再次经过春草场和冬草场，在此停留约一个月的时间。此后，牲畜便要采食种植区的农作物剩余物，海拔较高的农田收棉花较早，牲畜便可以去采食。等到大面积棉花收获后，每户牧民会通过自己的关系或者出钱租用一块棉花地，用来放养牲畜 1—2 个月。等到接羔的时候，便把羊赶回定居点，在周边的农田配合预备下的饲草料喂养。当 4 月前后棉花开始种植的时候，牧户便赶着牲畜再次离开种植区。与传统的游牧方式相比，春草场和夏草场的利用时间几乎没有太大变化，但是传统上冬草场和秋草场的利用时间则转变为在种植区和定居点放牧。

对于水资源的依赖程度增加

传统的游牧方式依靠天然的水资源，如表 6 - 3 所示，定居点所在的秋草场有三口泉水①，春草场有一个不大的泉眼供牲畜饮水，夏草场有丰富的冰雪融水和降水，冬草场是依靠降雪解决水资源问题。1995 年之后随着定居点及其周边农区和兵团农业的大量开垦②，畜牧业无论是放牧还是饲草料都越来越依靠农业，由于精河处于干旱地区，降雨量极少，年均仅为 90 毫米左右，且不稳定，天然降水的灌溉不能满足农业生产需求。农业生产需要保证稳定且充足的水资源供给，因此解决灌溉水是牧户定居的前提，在访谈的 23 个样本中所有牧户均依靠排碱渠的渠道水耕种，还有 4 户牧户使用外来租地人员的井水。

表6 - 3　　　　　　　　查干莫墩村畜牧业生产水源

春草场	夏草场	秋草场	冬草场
一个泉眼	冰川融水及降水	三个泉眼	积雪

三　社会经济影响

基于牧户感知的评价

查干莫墩村牧户已逐渐适应在饲草料地周围的定居生活。查干莫墩村 1990 年开始宣传游牧民定居工作，牧户经过了 10 年左右的时间才慢慢接受这一生活方式的转变。如图 6 - 3 所示，1998 年之后牧户才陆续定居，截止到 2011 年调查，查干莫墩村全部牧户均已经实现定居。在所调查的 23 个样本中，所有牧户均表示他们更加喜欢现在定居的生活，如表 6 - 4

---

①　秋草场的蒙古名字是卡尔文布拉格，便是三口泉的意思，这一点从几位岁数较大的老人那里得到证实，但由于现在的农业开垦大量开发地下水，三口泉已经不见了。

②　当地兵团在此期间大量开垦草原变为耕地，为改良碱性土壤，修建了排碱渠，当地政府也修建了相应的水利基础设施，正因为有了相对稳定的水源，定居牧户的饲草料地才得以开垦。

所示，主要体现在居住条件明显改善；基础设施完善，生活便利；家庭收入较大幅度提高；对畜牧业生产有利等方面。

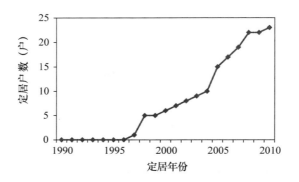

图6-3 1990—2011年查干莫墩村定居情况

表6-4 牧民对于定居后生活情况的表述

	描述
居住条件	以前山上太冷了，现在好了
基础设施	这里（定居点）去哪里都近，以前看病还要骑马去； 以前在山上冻得很，拉草料也麻烦，现在房子也有了，暖圈也有了； 这里有水、有电，修了路，比以前方便一些
家庭收入	以前放牧懒散，就盯着羊看，在这里（定居点）想办法赚钱，人们挣钱挣得眼睛都红了
畜牧业生产	一年比一年的收入好，牲畜也增多了； 在这里羊娃子下得早，长得就快，卖的价钱高； 在这里可以种地了，牲畜就可以增多了； 现在这里（定居点）草（指的是农作物）好了，以前没有草； （冬天）去山上远得很，路也不好走，现在喂料方便多了； 以前山上有大雪，牲畜就死得多，现在好了

收入来源增加

经营方式多样，收入来源增多。在传统的四季游牧中，全部家庭成员依附于畜牧业，主要收入来源为出售大小畜、山羊绒，几乎没有外出打工或者其他的就业途径。定居之后，虽然牧户的收入仍然以畜牧业为主，但也增加了收入来源的途径，如表6－5所示，根据获取收入所占的比例，依次有畜牧业、地租、禁牧休牧补贴、农业、副业等多项收入来源。

表6－5　　　　　　　　2010年查干莫墩村户均收入结构（N＝21）

收入来源	牧业收入	地租	农业	副业	草原补贴	总和
金额（元）	116445.7	18569	7142	952	10256	153364.7
所占比例（%）	75.9	12.1	4.7	0.6	6.7	100

　　首先，牧户从定居点的200亩耕地上获得两方面的收入：一是自己种植经济作物，另一方面是出租多余的土地。每家每户种植作物的面积如图6－4所示，23个样本中，所有牧户均种植了苜蓿和玉米，平均面积分别为25.7亩、7.4亩，玉米和苜蓿主要用于牲畜过冬及接羔的饲草料使用，此部分不能变现。少数牧户种植棉花（样本中只有3户），作为经济作物用于出售（2010年棉花价格较好10元/千克，一亩地的产量平均达到300千克，则毛收入3000元/亩，纯收入至少可达1500元/亩）。由于缺乏劳动力和水资源，牧户本身没有能力开垦所有分得的饲料地，因此其余的土地（平均每户150—170亩）均出租给了村外人员，一般是3—5家相邻的牧户出租给同一个老板，这样便于打井①与耕种。出租土地的价格及年限均不等。由于是盐碱地，开荒的前3—5年需要大量的水冲洗表层的盐碱，同时种植一些植物，如甜菜等进行土壤改良。所以，前几年需要大量的人力、物力和水资源的投入，这也是一般牧户没有能力自己开垦大面积土地的主要原因。由于改良土地所需的时间较长，所以出租年限一般为10—20年，且价格较低，每年20—30元/亩。当开荒完成之后，出租的价格就会大幅升高，可达到每年200—400元/亩。与此同时，牧户也会选择短时间出租耕地，如一年签一次，或者3—5年签一次合同，以便经济作物价格较好的时候，可以收回土地自己种植。

　　其次，休牧禁牧补贴不是定居直接产生的收入，但是却和游牧民定居结合了起来，牧户冬天不去冬草场过冬，春草场利用时间减少，在当地都

---

　　①　对于打井的距离政府有明确规定，必须间隔在800米以上，因此外来的租地人员需要将相邻几户的耕地成片租下，才能够打井用于灌溉。

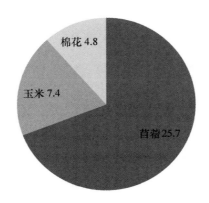

图 6 - 4   调查样本（N = 23）平均种植农作物种类和面积（单位：亩）

可以算作禁牧休牧，且每户牧民都会拿到 1—2 万元的补贴。

最后，定居之后，居住密集、交通便利为村庄提供了经营副业的机会。在调查的牧户中发现，有两个牧户经营了小型超市，还有一个牧户购买了大型农业器械用来出租使用。还有一些家庭有机动车辆（两户），依靠运输获取一些收入。

牲畜规模发展迅速

牲畜规模发展迅速，收入水平增加。由于牧户定居前后均以畜牧业为家庭收入的主要来源，在调研中将定居前后的牲畜数量作为一个关键问题，进行了调查。在 23 户样本中，能够确切回答定居前后牲畜数量的有 17 户。调查结果如图 6 - 5 所示，在定居后，大多数牧户的牲畜规模均有明显扩大，18%（3/17）的牧户牲畜数量增加到原来的 4 倍，41%（7/17）的牧户牲畜数量增加了至少一倍，17 户平均牲畜数量为定居前的 2.5 倍。仅有两户的牲畜数量较定居前有所减少，原因为家里嫁娶、生病等事情较多，持续大量出售羊羔甚至生产母羊，导致牲畜数量减少。总体来说，从 1997 年定居到 2011 年 14 年的时间内，牲畜数量有了非常快速的发展，也使得牧户的经济水平有了一个整体的提高，在调查的 23 户样本中，所有牧户均认为定居之后在定居点过冬对于牲畜和人均好，饲草料有保证，人也免于奔波。

此外，定居之后，由于饲养条件的改善，羊羔成活率提高。定居之

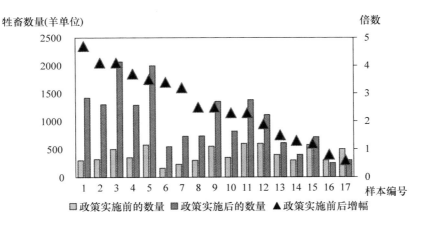

图6-5　政策实施前后牧户牲畜数量及增幅比较

注：（1）牲畜数量是单位羊的总数，牛、马、骆驼、牦牛等大畜按照5只羊换算。
（2）定居后的数量是指调查年2011年的数据。由于每个牧户的定居时间不同，所以这里的统计的定居前的数据并不是同一年，而是根据不同牧户有所差异，最早定居的是1991年，最晚定居的是2010年。其中2000年以前定居的有5户，2000年以后定居的有12户。

前，由于受草料不足和气候等多方面的限制，接羔时间基本是在3月底或者4月初，且羊羔成活率基本在60%—70%。定居之后，每家都建了暖圈，并提前种植或者买好过冬的饲草料，这样接羔的时间提前到2月中旬到3月初，成活率也基本上达到百母百子。一方面保证了畜群的规模，另一方面增加了出栏时牲畜的数量。

家庭分工发生改变

劳动强度减小，家庭分工发生变化。在定居之前，按照传统放牧畜牧业的生产方式，牧户整个家庭随着牲畜的采食四季搬迁。一般家庭拥有1—2个羊群，由家里的2—3个主要劳动力负责照看，其余人员并不外出打工或从事其他的副业。在定居之后，以往较为简单的家庭分工方式发生了巨大的转变。由于定居之后牧民开始在定居点过冬、接羔，所以准备过冬的草料就成为牧业生产中极为重要的部分。牧户中的主要劳动力留在定居点种植饲草料地，照顾老人孩子。该村庄的牧户之所以能够快速学会农耕的生产技能，是因为在大集体时期，全村分成了牧业组和饲料组，且在草畜双承包时，依旧按照当时的分工分成了农业队和牧业队，牧业队的定居点周边即农业队的农田，且周边兵团大面积开垦，牧户可以较为容易地学习农业技能。牲畜则雇外地人照看，案例地的 23 个调查样本中，有 19 个家庭从外面雇了人负责放牧。雇的人多数来自相邻的伊犁县，一对夫妇带着一个或者两个小孩，还有部分家庭单独雇一个人，工资开支平均每月为 1500 元/家庭，不同的家庭还会给少量的牲畜供雇佣人员食用或者饲养。由于雇佣人员从 4 月到 10 月会离开定居点去山上放牧，在此期间，每个牧户中会有一个人专门负责给雇佣人员送食物及日常用品，顺便探望自己的羊群，频率大概是半个月上山一次。由于免去了四季风吹日晒与搬迁的辛苦，调查中几乎所有家庭均认为定居之后在家从事农业较为轻松。另外，由于不再四季游牧，家庭里面的人员可以在定居点从事其他一些副业，在查干莫墩村的 23 个调查样本中，分别有 4 个家庭从事小超市经营、农机操作、外出打工等。

综上所述，无论从调查中牧民的实际表述，还是客观的实际变化，在定居之后查干莫墩村的资源利用方式、生活状况方面都发生了巨大的变化。资源利用方面，查干莫墩村从依靠天然草场转变为部分依赖于饲草料地，游牧时间也根据农耕时间做了相应的调整，水资源的利用相对以前增加了井水和渠道的灌溉用水。生活状况方面，定居后牧户的收入来源增加，同时牲畜规模快速发展，整体劳动强度也减小。总体来讲，牧户和政府对于定居的效果都是相当积极的态度，同时查干莫墩村也成为该地区的示范村，其模式被大量宣传到其后的定居工作中。

第三节　尺度Ⅱ：政策的影响尺度

前部分内容体现了查干莫墩村内部社会生态系统所发生的变化，实际上这种变化很大程度上依赖于与更大尺度社会生态系统的联系。本部分通过对比查干莫墩、卡尔图热两村，分析与更大尺度系统的联系给两村带来了怎样的差别。进而从政策实施的角度，回答查干莫墩村的成功模式是否可以在县域尺度普遍推广。

一　社会经济影响

案例地部分已说明查干莫墩、卡尔图热两村内部的自然条件、草场资源、社会状况基本相似，但是在实施了相同的休牧定居政策之后却没有取得相同的效果，一方面体现在牧户所拥有牲畜的整体水平，如图6-6所示，与查干莫墩村相比，卡尔图热村的牲畜规模主要集中在500只单位羊以下，共有11户，占到调查样本数量的69%。且在调查中发现，与定居前相比，卡尔图热村的牲畜规模并没有明显的变化。另一方面可以体现在牧户贷款的情况，如表6-6所示，卡尔图热村的贷款家庭户数明显高于查干莫墩村，并且贷款的资金主要用于维持生计，而不是扩大再生产。牧户一般开春3—4月的时候贷款耕种，秋天卖掉牲畜之后，10月之前将贷款还清。面对如此大的差异，本部分通过横向对比两个村子分析其差异的来源。

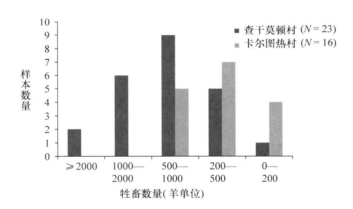

图6-6　查干莫墩村和卡尔图热村牲畜规模对比

表6-6　　　　　　　　　查干莫墩村和卡尔图热村贷款情况

	贷款的户数（户）	占总样本比例（%）
查干莫墩村	2	8.7
卡尔图热村	14	87.5

二　生态影响

对村庄外部草场的利用增加

查干莫墩村可以向村庄外部转移天然草场的压力。查干莫墩村只有冬草场的天然草场面积大于卡尔图热村，其余三季的草场面积均是卡尔图热村更大。但是，调查中发现查干莫墩村的夏草场与伊犁地区（主要是伊宁县、尼勒克县）夏草场紧紧相邻，而伊犁地区受自然地理条件的限制①，主要是海拔较高、温度低、雪灾多，过冬草料不足，且牧民从定居点到夏草场需要几天的时间，夏草场很少有人利用。因此，查干莫墩村大量租用伊犁县的夏草场。调查中发现，有18户家庭租用了伊犁地区的草场，占到总样本量的78.3%（18/23）。租用草场的面积按照羊群的大小来度量，一群羊（通常为300只左右）可以吃1—2个月的时间，那么草场的租金就为2000—3000元。在18户租用草场的牧户中，有6户是租用了两群羊的草场。一般牧户会让牲畜在自己的草场上吃一个月，然后放到租用的伊犁地区的草场上一个月，8月中旬的时候再回到自己的草场上吃半个多月，便可以下山了。这样，查干莫墩村的抓膘夏草场不再是限制牲畜规模发展的因素。而卡尔图热村周边并没有类似的草场可供租用，因而不具备将放牧压力转移到其他草场上的条件，因此牲畜规模发展受到一定限制。

对村庄外部农田的利用增加

查干莫墩村较易利用村庄外部农田。在定居之后，定居点周边兵团及其他村庄的农田剩余物、牧户自己的饲料地，成为牲畜过冬及接羔的主要草料来源。正如上文所述，定居之后牲畜有5—6个月的时间依靠农田采食。农田开垦有两个条件，一个是足够的水资源，另外一个是足够的资金②。由于近十几年来棉花的经济价值较高，当地的农民种植结构开始转向以棉花为主，而外来商人则大面积种植棉花，如图6-7可以看出，从1990年到2007年精河县棉花的种植面积增加了258%。外来商人和农户

---

① 尼勒克县海拔800—4600米，年平均气温5.8℃，平均降水量为350毫米；伊宁县海拔600—3500米，年平均气温9.3℃，年降水量200毫米。

② 资金主要用于打井、雇人、铺设滴灌等方面。同时由于改良土壤需要3—5年，种植的人需要面对此间大量投入，而没有收益的情况。

只是摘取棉花，剩下的棉壳、棉籽、杆状物均可以供牲畜采食。查干莫墩村每户有 200 亩的饲草料地可以开垦，但是牧户一般缺乏资金打井，无法改良土壤，只种植 30 亩左右的饲草料，其余出租。由于政府规定"间隔800 米才可以打井"，所以一般是 3—4 家相邻的家庭将土地租给一个外来者或者兵团的人种植棉花。在收完棉花之后租户便会离开查干莫墩村，剩下的农田剩余物便可以由出租土地的牧户免费放牧。同时查干莫墩村周边有大量兵团的棉花地，牧户也很容易租用以利用其农作物剩余为牲畜提供饲草。因此，查干莫墩村每年能够保证牲畜冬季和春季的稳定采食，成为查干莫墩村稳定发展牲畜的有利条件之一。

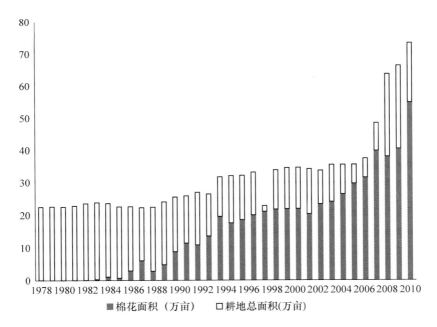

图 6 - 7 1978—2007 年精河县农作物面积和棉花种植面积

数据来源：精河县统计局，2011 年。

而对于卡尔图热村，每户家庭只有 80 亩的耕地[①]，且分布较为分散，不利于外来的商人租用打井，因此几乎无外来人租种耕地。在调查的 16

---

① 因为卡尔图热村部分秋草场处于艾比湖自然保护区内，不能开发，所以耕地数量较少。

户样本中，只有 3 户将土地出租，其余家庭或者自己种植棉花，或者作为荒地打草。并且，由于卡尔图热村的地理位置距离国家级自然保护区艾比湖较近，部分草场在保护区内，不能开垦，这也进一步压缩了卡尔图热村可利用农田的面积，限制了牲畜规模的发展。

增加了对地下水资源的开采

查干莫墩村利用村庄外水资源较便利。如上文中所提到的，卡尔图热村的土地不易出租，所以没有外来资本进入投资打井。虽然全村有渠道并且有两口机井，但是由于卡尔图热村居住分散，部分牧户并不能有效利用灌溉水。如在调查的一个样本中，仅井水流到其饲料地就需要花费 6 个小时，加上本地蒸发量较大，种植一季作物的水费可占到生产成本的 1/2 以上。因此，水资源成为限制卡尔图热村农业、畜牧业发展的重要因素。

综上所述，在定居之后查干莫墩村和卡尔图热村不再是以前封闭的系统，而是与更大尺度的社会生态系统产生了各种各样的联系。通过查干莫墩村和卡尔图热村的对比发现，定居后村庄的发展程度，也正与村庄外更大尺度资源输入的多少有着直接的联系。上文分析已经看出，查干莫墩村的成功取决于更大尺度上资源的输入，在县域尺度中，不同村庄之间在草场、耕地、水资源等资源禀赋方面存在着诸多的差异性，如查干莫墩村大规模牲畜对于天然草场的放牧压力可以转移到邻县，定居点的饲草料可以依赖周边及外来人员开垦的耕地上的剩余物，水资源通过外来资本投资打井也得到了有效的解决。而卡尔图热村并不具备类似的优势，这使得一个在如查干莫墩村成功的政策在卡尔图热村并没有取得同样的效果，因此应该认真考虑如查干莫墩村的示范作用的有效性。

第四节　尺度Ⅲ：生态过程尺度

流域尺度的自然生态特征是流域内部更小尺度社会生态系统发展的背景和依托，因此考虑某一尺度上发展的可持续性，需要判断其是否符合所处的更大尺度系统的自然生态特征。本部分首先介绍艾比湖流域的生态特征，进而分析如查干莫墩村和卡尔图热村所经历的生产生活方式的改变是否符合该流域尺度的生态特征。

一　艾比湖流域的生态系统特征

艾比湖流域水量主要来源于三个方面：湖面降水量、地表水入湖量、地下水入湖量。正如案例地中所介绍的，艾比湖对于北疆的自然生态系统起着至关重要的作用，但是由于人为活动的影响，艾比湖的湖面面积正在逐渐缩小。1950 年前后，艾比湖的湖面面积为 180 万亩，但是到 20 世纪 70 年代面积缩减为 50 年代的一半左右，至今仅有博尔塔拉河、精河两条河流入艾比湖，其他入湖的河流都早已断流。尽管在 20 世纪 90 年代末到 2003 年，艾比湖面积有所回升，但是其最大面积仍然未超过之前的 77%。

二　依赖种植业的休牧政策在流域尺度的可持续性

相关研究指出，艾比湖湖面面积的缩减主要因为降雨量的减少以及人类活动对入湖水量的叠加作用，但在近 30 年，学者一致认为人为影响的因素更加显著，其作用占到 90% 以上，而干旱等气候因素的影响仅占到 2%—5%[①]。从 20 世纪 70 年代开始，人为因素成为主要影响因素，其中农业开垦对艾比湖的影响最大（图 6-8），从 1970 年至 2009 年，艾比湖流域的农田面积以 5.2% 的速度逐年增加，农田面积与湖面面积呈现显著的负相关关系[②]。目前，博尔塔拉河、精河两条河流每年补给艾比湖的地表水仅 6 亿立方米、地下水 1 亿立方米，维持湖面在 530 平方千米左右；近 700 平方千米的湖底盐漠，湖体的盐碱化面积不断扩大，腐蚀性的沉积物和春季裸露的农田表层成为阿拉山口、博州、北疆地区沙尘暴的巨大沙尘源，危害着这些地区的农牧业生产、经济发展和广大人民群众生存环境的安全[③]。在入湖水量不断减少的同时，水体质量也呈现恶化趋势，农业

---

①　袁国映：《艾比湖退缩及其对环境的影响》，《干旱区地理》1990 年第 4 期；周驰、何隆华、杨娜：《人类活动和气候变化对艾比湖湖泊面积的影响》，《海洋地质与第四纪地质》2010 年第 2 期；钱亦兵、吴兆宁、蒋进、杨青：《近 50a 来艾比湖流域生态环境演变及其影响因素分析》，《冰川冻土》2004 年第 1 期。

②　程涛、洪晶晶：《艾比湖流域未来 10a 水资源供需平衡分析》，《甘肃水利水电技术》2011 年第 4 期。

③　苏颖君、张振海、包安明：《艾比湖生态环境恶化及防治对策》，《干旱区地理》2002 年第 2 期；亢庆、张增祥、王长有、于嵘：《艾比湖绿洲农业区土地利用动态与盐碱化影响的遥感应用研究》，《农业工程学报》2006 年第 2 期。

面源污染是湖体污染物的主要来源，N、P 等物质的增加使得艾比湖流域整体处于富营养化状态①。

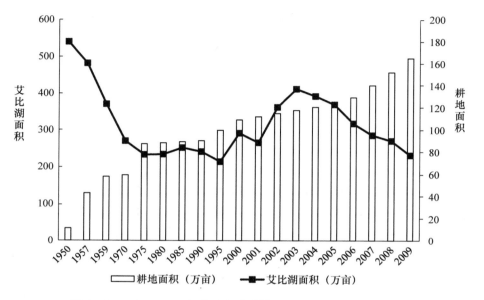

图 6 - 8　1950—2009 年艾比湖流域耕地面积及艾比湖面积变化

资料来源：孙丽、高亚琪：《新疆艾比湖流域耕地面积变化对艾比湖湖面面积的影响分析》，《广西农业科学》2010 年第 8 期。

　　休牧定居政策使得村庄尺度的社会生态系统从依赖于自然生态系统，转变为依赖人工农业生态系统。因此，该种定居模式的可持续取决于其所依赖的农业生态系统的可持续。而实际上，已有诸多研究证实，该地区农业的大量发展使得入湖河流水量逐渐减少，并导致艾比湖面积不断缩小。以开垦饲料地发展畜牧业的方式虽然不是该地区所有农业开发的原因，但是却加剧了该地区对水资源的使用，从生态保护的角度，这种方式相比牧业生产并不利于整体生态系统的可持续。在调查中牧户表示，近年来在农忙时期，家里用于饮用的浅层水井越来越难打出来水，水位下降明显。同时，从目前地区限制耕地面积、提高用水效率等大量节水措施中可以侧面

　　①　弥艳、常顺利、师庆东、高翔、黄聪：《农业面源污染对丰水期艾比湖流域水环境的影响》，《干旱区研究》2010 年第 2 期。

反映，该地区面临严重的水资源匮乏的现状。因此，定居后将社会的发展更多地依赖于干旱区限制性水资源的开发利用，从流域的尺度上并不利于社会生态系统的稳定与可持续发展。

第五节　小结

从生态补偿政策目标的村庄尺度来看，休牧政策实施之后，查干莫墩村从传统的利用四季天然草场的放牧方式，转向了依赖于农业的放牧方式，基本上是两季游牧，减少了对春冬草场的利用时间；同时牧户的生活水平有了显著的提高，主要体现在牲畜规模发展较快，牧户劳动力强度降低，并且收入来源增加。

在县域的尺度上，通过查干莫墩村与卡尔图热村的横向对比发现，即便是在一个县域内，两村还是在天然草场、耕地、水资源等多方面存在差异，这种"成功"模式需要一定的前提条件，并不具备广泛推广的意义。查干莫墩村能够在减少天然草场利用情况下发展牲畜并提高生活水平，主要源于能够大量依靠外部资源的输入，尤其是依赖于农业生产。

从精河县所处的艾比湖流域来看，查干莫墩村和卡尔图热村的休牧定居均是将社会的发展从依赖于天然草场，转向于依赖于农业种植，实际上是依赖了水资源的大量使用，从较长的时空尺度上，并不利于该地区的社会生态系统的发展，需要对该类游牧民定居的必要性和有效性进行重新审视。

在社会生态系统的管理过程中，政策解决一个问题的时候，往往又会出现一个新的问题。通过饲草料种植的方式，鼓励游牧民定居的生态补偿政策试图通过稳定的农业生产来解决传统畜牧业的靠天养牧，这种政策的出发点是好的，但是看到草的问题、解决草的问题，却忽略了社会生态系统作为一个整体之间的相互作用，解决草的同时，又给更为重要的水资源带来了压力。传统游牧的方式确实不利于牧民的生活改善，但是却适应了自然生态条件，因此类似的休牧定居政策应该寻求保持传统游牧精髓的方式，这也是一个值得深入探讨的问题。

此外，对于游牧民定居之后，依附于另外一个人工生态系统，其实隔断了牧民与生态之间的直接反馈，从观念上影响了牧民如何看待生态与资源的变化。比如，在调查中发现，牧民习惯于把未开垦的秋草场叫做"荒地"，而把开垦之后种植的棉花、苜蓿、玉米等叫做草。同时，定居前牧民对于雨水及地表水源极为清楚和敏感，但是随着牧民改变了逐水草而居的状态，使用河道水与井水让牧民感觉水资源只是一个技术问题。在调查中，诸如此类的发现，直接反映了人与自然反馈的中断，从而也会影响人与自然的相互作用。这样的变化极为重要，但是已超出本书主题，因此不做详细扩展讨论。

第七章　生态补偿政策的跨尺度
影响过程及机制分析

　　上述两章内容分别以两个案例地的变化对比阐述了禁牧休牧对社会生态系统的多尺度影响，通过从政策目标尺度、影响尺度和生态过程尺度三个方面的分析可以看出，生态补偿政策虽然是通过减少牲畜数量来恢复草场生态，但是其所影响的范围并非只有项目区，而政策造成的结果也具有尺度效应。上述两个案例的研究主要从政策影响的角度分析了政策效果的尺度效应，即解释了政策在不同尺度上的影响是什么的问题。本章内容将进一步分析为什么会产生这样的尺度效应，以及不同尺度间的相互作用机制是什么。对于这一问题的解答，一方面可以从多尺度间的作用机理方面了解生态补偿政策的影响，进而对长时间尺度上系统的动态变化做出预期；另一方面，可以为下一章的政策建议提供依据。

　　本章主要研究三个内容：首先研究干旱区草场社会生态系统的结构和过程，从历史的角度看，在干旱区传统的草原畜牧业维持了数千年的时间，"人—草—畜"的系统是基本的存在形式，那么在传统畜牧业生产方式下，草场社会生态系统在不同尺度上的结构和社会生态过程是怎样的，生态系统服务产生的基础及关键过程是什么？其次，研究在生态补偿政策的影响下，草场社会生态系统尺度间的联系所发生的变化，以及变化背后的驱动力又是什么？最后，分析生态补偿政策产生负面影响的原因。

第一节　干旱区草场社会生态系统的
结构、过程与动态

　　传统草原畜牧业是干旱区最主要、最普遍的生产方式，"逐水草而居"

概括了其特点，其中"水草"代表了干旱区草场的自然生态特点，而"逐"代表了社会系统与生态系统之间的作用方式。在畜牧业生产过程中，牧户的经济行为和资源管理策略受自然生态条件影响显著。在牧区，牲畜是兼备了生产资料和商品的双重属性，牲畜的数量和结构直接影响了牧户的经济收益。因此牧户的经济行为主要体现在对畜群规模和结构的管理上，如牧户对牲畜的出栏决策、繁殖决策、结构调整等。与此同时，由于牲畜是连接人与草场的媒介，因此对牲畜的管理过程也直接体现了牧户对资源的利用与管理策略。为呈现传统畜牧业与当地自然生态系统的关系，本节将从时间和空间尺度对牧户的经济行为、资源管理策略进行分析。在时间尺度上，牧户主要通过牲畜数量的调节应对降水波动及自然灾害，其中以畜牧业生产周期为短时间尺度、以数十年为长时间尺度；在空间尺度上，牧户通过牲畜的空间分布应对水草资源的异质性，其中以牧户为小的空间尺度，以系统景观为大的时间尺度。

在畜牧业的生产过程中，社会系统与生态系统在时间上的耦合主要体现在"量"上，具体指社会系统中牧户饲养牲畜的数量和生态系统中水草资源的可用量之间的耦合关系。传统草原畜牧业生产与自然条件变化关系密切，在一个畜牧业周期内，牧户通过管理牲畜的繁殖、抓膘、出栏、配种等调节牲畜数量，来适应气温、降水、植被的变化。我国的干旱区草场四季分明，冬春温度低、风雪频繁，夏季和秋季温暖且气候湿润。随着温度和降水的季节变化，草场植被产量和品质也会变化，总体上夏季和秋季牧草产量最高，冬季和春季草料缺乏。为了应对这种季节的差异性，在传统畜牧业生产过程中，牧民通过对于牲畜规模的调节来适应这种季节性的草料不平衡。

而在空间上的耦合主要体现在"分布"上，具体指牧户对于牲畜在不同空间和类型草场资源上的管理。草场生态系统在空间上的特征是水草资源分布的异质性，牧民通过移动和多样化牲畜品种来平衡这种空间的异质性，其中"移动"包括"移畜"和"移草"两个方面。"移畜"根据移动的目的和距离可以分为"季节性移动"、避灾的"走敖特儿"两种。在一个正常的畜牧业生产周期内，牧民通常按照植被类型和地势条件将草场划分为季节性草场，通过牲畜移动来确保采食牧草的营养均衡和草场资源的充分利用；而在较为严重的干旱年份，牧民为了避灾将赶牲畜进行长距离移动，寻找可采食的牧草，蒙语称为走敖特儿。多样化的牲畜品种——传统牧区的五畜（绵羊、山羊、牛、马、骆驼），使具有不同的采食习惯和移动半径的牲畜可以较大限度地利用不同类型的天然草场，并平衡草场上木本和草本植被的生长比例。

一　时间尺度

社会系统与生态系统在时间上的耦合主要体现在"量"上，具体指社会系统中牧户饲养牲畜的数量和生态系统中水草资源的可用量之间的耦合关系。本书将短时间尺度定义为以一年为单位的畜牧业生产周期，长时间尺度为数十年。

畜牧业生产周期内的牲畜数量管理

本节将以阿拉善左旗和精河县为例，具体介绍在一个畜牧业生产周期内，畜牧业生产过程如何与草场生态自然条件实现时间上的耦合。阿拉善左旗和精河县同属于我国北方干旱区草场，四季分明（图 7-1），气候和植被条件都随着季节明显变化。春季在 3 月中旬开始，气温回升雨水增加，牧草在雨热条件较好的 4 月或者 5 月返青。阿拉善左旗和精河县的牧户，普遍选择在 3 月进行接羔，此时牲畜规模扩大，并且可以保障新生羔羊在一个月的哺乳期结束之后吃到新鲜牧草。6 月中旬到 8 月底是夏季，日均气温达到 20 度以上且雨水集中，草场植被集中生长。在此期间，牲畜（除少量病弱牲畜外）仅采食天然牧草，羔羊迅速生长，大羊也在漫长的冬春季之后恢复体力。进入 9 月之后，降雨减少气温降低，牧草也开始进入繁殖季节，营养开始向籽实集中，而生长过程逐渐减缓。秋季牧草水分减少，营养物质丰富，利于牲畜抓膘，进入秋季牲畜的体重会持续增高，确保出售时达到最理想的重量。牧民根据冷季牧草的产量和购买饲草的数量，决定牲畜出栏数量，以保证入冬之后能维持在一个较低的载畜量，减少对草料的压力。老弱病残和公羊是主要的出栏对象，出栏后牲畜规模减小但基础生产母畜的质量得到改善。同时在 10 月前后，畜群会完成配种（羊的妊娠期为 150 天左右），以保障第二年春天牲畜规模的恢复。秋季的牲畜出售是牧户一年中最主要的现金流来源，用于购买畜牧业生产所需的草料、日常生活开支等。11月前后进入冬季，气温过低且降水以霜雪为主，牧草停止生长。畜牧业所需草料由剩余的天然牧草、打草所得牧草和购入草料组成，牲畜进入掉膘的季节，但牧民尽量通过补饲补料减少牲畜的死亡和保障妊娠母羊的营养。

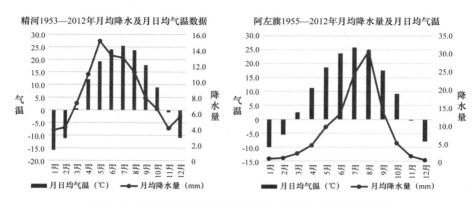

图 7 - 1　精河县与阿左旗年月均降水及月日均气温数据

资料来源：精河县与阿左旗气象站点数据，中国气象网。

因此，如表 7 - 1 所示，在较短的以年为时间尺度的畜牧业生产周期内，牧户通过繁殖、出栏等对牲畜数量进行管理，以平衡不同季节雨热气候条件所造成的草场植被产量的差异。对于牧户生计方面，在一年的时间尺度内，牲畜作为商品实现了增加牧户现金流，同时作为生产资料实现了畜群的再生产。

长时间尺度上牧户的牲畜数量管理

在较长的时间尺度上，牧户对于牲畜数量的调控主要是为了应对自然灾害。阿拉善左旗年降水波动剧烈（图 7 - 2），变异系数高达 38.9%，降水量最低的年份仅有 48.8mm，而最高的时候可以达到 227.4mm。在植被生长季节的 5—8 月，年际降雨量波动更加显著（图 7 - 3），最低降雨量为 1989 年的 28.9mm，最高降雨量为 1979 年的 179mm，变异系数高达 49.1%。

表 7 - 1   阿拉善左旗和精河县四季划分与畜牧业生产

季节		春季		夏季		秋季		冬季	
		初、终日期（日/月）	天数	初、终日期（日/月）	天数	初、终日期（日/月）	天数	初、终日期（日/月）	天数
时期	阿左旗	4 月中—5 月底 6 月初	55	5 月底 6 月初—8 月中	68	8 月中旬—10 月中旬	45	10 月中旬—4 月中旬	185—190
	精河县	18/3—3/6	78	4/6—30/8	88	31/8—10/11	72	11/11—17/3	127
植被		返青		生长		繁殖		停止生长	
畜牧业		接羔		牲畜生长		抓膘 + 出栏 + 配种		补饲	

资料来源：《阿拉善左旗志》《精河县志》。

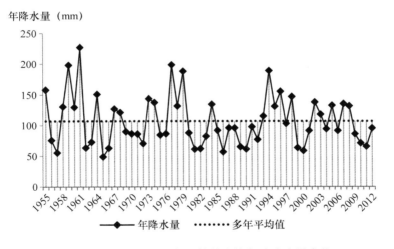

图 7 - 2 1955—2012 年阿拉善左旗年均降水量变化
资料来源：阿拉善左旗吉兰泰气象站（站号：53502）。

植被生长季节的降水数据显示，阿拉善左旗在 1955—2012 年，发生旱灾（降水量小于多年平均值的 80%）26 次，发生频率为 44.8%。以十年为时间尺度来看，阿拉善左旗平均每十年发生旱灾 4—5 次，而且由图 7 - 4 可以看出，旱灾以 2—3 年甚至更长时间的连续干旱为主（如 1962—1963 年、1979—1983 年、2009—2012 年）。在冬春季节，降水以雪的形式

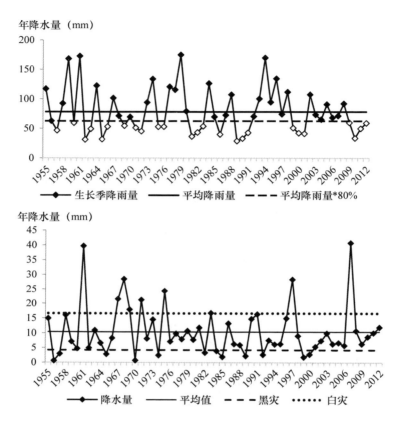

图7-3   1955—2012年阿拉善左旗生长季（上）和冬春季（下）降水量

出现，1毫米的降水量相当于15毫米的积雪厚度。1955—2012年，阿拉善左旗发生黑灾、白灾的次数分别为12、9次，发生的频率为20.7%和15.5%。

牲畜总体数量的变化与气候条件，尤其是降水情况呈现显著的正相关性。降水的多少决定了可食牧草的产量，进而决定了牲畜的数量。在阿拉善左旗，干旱是最常见的自然灾害，"十年九旱"（图7-4）的灾害频率对牲畜的总体数量起到调节作用，牧民增加牲畜的出栏量，同时牲畜死亡量增加，牲畜数量得以减少以适应干旱造成的草料匮乏。

牲畜的总量与当地的降水量趋势一致，会呈现显著波动的特征。1980—2009年的牲畜数量与生长季节降雨量的数据显示（图7-5），在此期间阿拉善盟的牲畜数量总体数量在130万头左右（134.8±10.9），但是

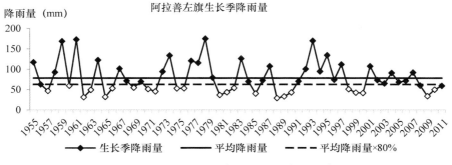

图 7 – 4　1955—2011 年阿拉善左旗旱灾情况

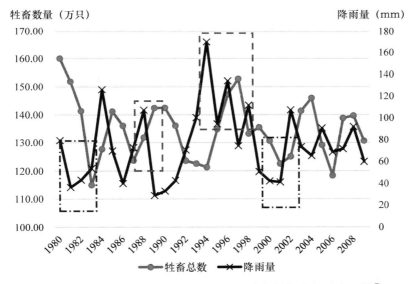

图 7 – 5　1980—2009 年阿拉善盟牲畜数量与生长季降雨量①

资料来源：阿拉善盟统计局，由于缺乏阿拉善左旗的数据，这里采用了全盟的牲畜数据，阿拉善左旗牲畜数量约占全盟总量的 70%—90%。

降雨量的影响使得牲畜总量出现明显的波动。降水的减少会直接影响当年的牲畜数量，如图点线方框中所示，在 1980—1982 年、1999—2001 年三年的连续旱灾中，牲畜数量出现了大幅度的下降，减少数量占牲畜总量的

---

① 因 1949 年之前的数据无从获得，而本节的目的在于反映自然灾害与牲畜损失之间的关系，1949 年之后数据仍可以一定程度上反映上述关系。

20%—30%。而在降水丰沛的时候，如在图中虚线方框中的年份，牲畜数量不会立即增加，牧民通过增加牲畜的繁殖率和减少出栏量来扩大牲畜规模，通常有1—2年的滞后期，若遇到严重灾害或者连续灾害，则恢复时间会更长。王建革在《农牧生态和传统蒙古社会》中描述了1900年阿拉善的旱灾，"富户有五六百只羊的只剩下二三十只，中等人家一百只羊的只剩下五六只，一百只骆驼的人家也只剩下二三十只"。根据《阿拉善左旗志》的记载（表7-2），在连续干旱灾害的情况下，全旗的牲畜数量损失巨大，如在1965年的特大旱灾中，牲畜死亡42万只，占全旗牲畜数量33.5%。同样根据阿拉善左旗志自然灾害和畜牧业受损情况的数据，可以看出牲畜数量随着自然灾害的发生出现大幅度的波动，如在1965年的特大旱灾中牲畜数量损失高达30%以上。

表7-2　　　1957—1999年阿拉善左旗自然灾害及畜牧业受损情况

年份	灾害类型	灾害情况（包括灾害程度及对畜牧业的影响）
1957—1958	旱灾	大部分地区全年无雨雪，1957年死亡牲畜数量6.4万只，1958年死亡牲畜数量4.5万只
1960—1963	旱灾、白灾	1960年旱灾；1961年夏秋连旱，12月风雪交加10次降温，连续8次降雪，死亡牲畜数量4.6万只；1962年大旱；1963年继续干旱且持续一年半
1965	旱灾	特大旱灾，牲畜死亡42万只，占全旗牲畜数量33.5%
1966—1967	旱灾	全旗遭受严重旱灾，20个公社牲畜减少20%以上，最高达53.7%，全旗牲畜死亡25.8万只；1967年死亡牲畜4.94万只
1970—1973	旱灾	1970—1972年死亡牲畜8.6万只，1973年死亡牲畜8.03万只
1977	旱灾	死亡牲畜6.01万只
1979—1983	旱灾	连年旱灾，平均每年死亡4.3万只
1985—1987	旱灾	大部分地区干旱无雨，死亡4万只，旱情延续至87年
1991—1992	旱灾	高温干热
1997	旱灾	全旗普遍干旱
1999	旱灾	中部干旱
1960—1999年旱灾发生频率（发生旱灾的年数/总年数）		60.5%

资料来源：根据《阿拉善左旗志》整理。

综上所述，在较长的时间尺度上，牲畜数量受到气候等自然因素的影响，使得牧草产量和牲畜数量年际的差异得以平衡。降水、灾害在长时间尺度上对于牲畜数量的调控，使得草原畜牧业能够与牧草的供应量之间保持一个动态的反馈，即草多羊多、草少羊少的正反馈关系，这也是草原畜牧业能够持续数千年的重要原因之一。

二　空间尺度

较小空间尺度：牧户对牲畜空间分布的管理

在较小的空间尺度，牧户通过饲养不同的牲畜品种利用草场资源（图7-6）。"草原五畜"（绵羊、山羊、牛、马、骆驼）是传统草原畜牧业的牲畜品种，不同的游牧半径、植被喜好以及采食习惯使得草场资源得以充分利用。绵羊、山羊、牛、马和骆驼所组成的畜群结构，能够利用空间异质性强的水草资源，同时牲畜可以清理草场中的枯黄植被，促进植被的新陈代谢和籽种传播。

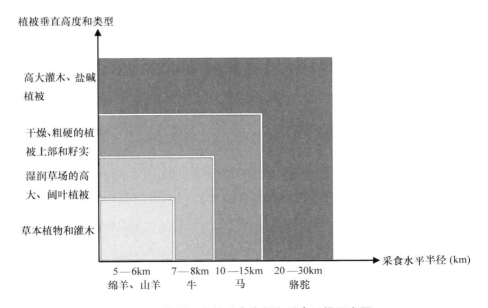

图7-6　草原五畜的采食半径和采食习惯示意图

资料来源：作者整理。

　　从牧户生计的角度，五畜也为牧户的生计提供了保障。马是交通、放牧的主要骑乘，也在以往牧户之间的信息传递中起到最关键的作用；牛是奶产品的主要来源，如蒙古族传统的奶酪、奶豆腐、酸奶等均是用牛奶制成；骆驼是牧区的主要畜力，用于运输游牧过程中的蒙古包及其他生活用品；山羊和绵羊繁殖快（一年繁殖一次），这使畜牧业在受损后得以快速恢复，适应了干旱区环境多变、风险高的特点，因此山羊和绵羊成为该地区最为普遍、重要的牲畜品种。近些年，马和骆驼的上述功能逐渐被现代化机械设备所取代，而文化和情感传承方面的功能在不断加强。

　　较大空间尺度上的牲畜空间分布

　　从景观尺度来看，阿拉善左旗自东南向西北，地势由高到低，降水量也由多到少，依次分布了森林、草原、戈壁和沙漠等多种类型的生态系统。因此，对于畜牧业来说最为重要的"水""草"资源呈现了很大的空间异质性，图7－7显示了阿拉善左旗主要的景观类型、草场植被、海拔和降水量等信息。在东南部海拔较高的贺兰山地区，年均降水量高达350—450毫米，草场类型为以草本植物为主的山地草甸。随着海拔的降低，降水量也有明显减少的趋势，在海拔为1500—2000米的位置，植被中灌木的比例逐渐增加，植被密度减少但是耐旱能力显著增加，形成了以草本和小半灌木为主的荒漠草原景观。而在降水量接近或者小于100毫米

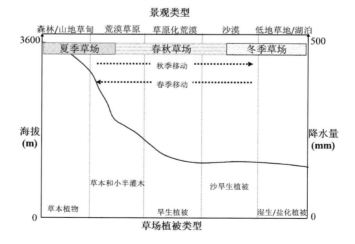

图7－7　阿拉善左旗牲畜空间移动

的平原地区，荒漠植被显著增加，形成草原化荒漠。在沙漠边缘地区，沙旱生植被是建群种，而在沙漠腹地的一些富含水分的位置或者湖泊周围，湿生类的草本植被（如芦苇）和富含盐分的耐盐碱草本植被是主要成分。

虽然根据海拔和降水量可以将阿拉善的景观类型分为以上几类，但是具体到以牧户为组成单元的社区尺度，水草资源的空间分布也存在很大的异质性。如在贺兰山沿线，一个苏木的地域几乎涵盖了所有的景观类型，包括高山草甸、以灌木为主的荒漠草场、沙漠边缘的草原化荒漠等。地表水资源、降水格局及地势条件决定了阿拉善左旗水草资源空间分布的异质性，阿拉善左旗的草地类型可分为山地草甸类、温性草原类、温性荒漠草原类、温性草原化荒漠类、荒漠类和低地草甸类等几种类型。地势较低的地区气温相对较高，且沙漠边缘起伏的山坡便于抵挡风寒，是理想的冬季草场。随着气温的不断升高，牧草陆续返青，牧民会随牲畜迁移到高平原的地区，以便牲畜可以采食到更多的新鲜牧草。夏季的贺兰山沿线，气温舒适、降水丰富，且利于通风防蚊，该区域内的牧草在此期间快速生长，成为牲畜恢复体力和膘情的夏季草场，而与此同时，春秋草场和冬季草场得以恢复生长。随着秋季气温的降低，高海拔地区寒冷且进入枯草期，牧民随着牲畜下山返回春秋草场，此时秋草场的灌木进入繁殖期，牧草籽实多且营养丰富，便于牲畜抓膘。因此，畜牧业的生产过程是在不同空间完成的，对于一个普通的畜牧业周期来说，这一空间范围通常在数十千米至上百千米。

在遇到旱灾的情况下，水草资源的异质性体现在更大的空间尺度，而畜牧业生产的活动范围也会扩大。牧民走敖特儿的范围非常广，移动的范围不仅限于本旗或盟，甚至会涉及鄂尔多斯、宁夏、甘肃等地区。根据牧民的记忆，"1972 年全盟发生了特大旱灾，甚至十几个骆驼群都要为了避灾走敖特儿，最远到达过甘肃"（调研记录，2008）。因此，在发生严重旱灾时，牧民需要通过数百千米的移动，来寻找可利用的牧草资源，而且这种大范围的移动往往是整个区域的牲畜移动。

在精河县牧区，牧民也一直沿袭了传统垂直四季游牧的放牧方式，如表 7 - 3 所示，本书所调查的两个案例地直到现在依旧保持着明确的四季草场。以一个畜牧业生产周期为例，6—9 月在海拔较高（2000—3000

米）、气候凉爽的夏季草场，草地类型以高寒草甸和山地草甸为主，由于雨水充沛，草场质量较好，主要用作牲畜出栏前抓膘；9—12月移动到地势相对平缓的秋季草场，草场类型以平原荒漠为主，兼有部分低地草甸草地；12月至次年3月在冬草场，这里处于逆温层或者是阳坡、避风坡，冬季相对温暖，草场类型包括山地荒漠、山地草原、山地草甸草原等；3—5月牲畜移动到春草场，这里有打草场备下的草料，3月底4月初开始接羊羔。

表7-3 精河县四季草场户均面积

	户均四季草场面积（亩）			
	春草场	夏草场	秋草场	冬草场
查干莫墩村	3495.394	1433.361	200.0	1908.75
卡尔图热村	4604.15	2335.17	1142.2	1757.86

牧户通过牲畜在季节性草场上的移动，来应对水草资源分布的异质性。从畜牧业生产的角度，对不同类型草场植被的采食过程，有助于牲畜摄取多种所需的营养元素（如盐分、矿物质、微量元素等），同时也增强了牲畜的体质。从经济方面来看，牲畜移动是一种低成本的生产方式，一般仅需要劳动力的投入。目前，由于现代机械的引进，如摩托、汽车等，增加了购买设备、汽油、保养等方面的花费，但总体上，游牧成本远小于其他的生产方式。

此外，移动草料也是牧民应对草场资源空间异质性的方法，但是"移草"较"移畜"成本要高很多，因此一般仅发生在冬季和春季牲畜繁殖的时候，作为辅助的生产策略。冬季牧草停止生长，牧户一般会预留一定面积的打草场，秋季牧草干燥且营养丰富的时候储备起来，放置到冬草场备用。例如在新疆的精河县，本书所调查的查干莫墩村，在春季草场的旁边有一块打草场，并引山上的泉水进行灌溉，到秋季时打草储备，用作冬季及初春繁殖母畜和新生羔羊的草料。在阿拉善左旗，牧户也会在沙窝子预留一块打草场，当地牧户称之为"打草滩"。

三　草场社会生态系统的长期动态

从历史的角度来看，干旱区草场并不是一个静态的、远离干扰的、自然演化的生态系统。长期以来，放牧畜牧业是干旱区草场最主要的生产方式，当地社区通过放牧来管理与利用草场中的水草资源，并适应干旱区缺水与降水波动的自然条件。阿拉善左旗早在新石器时代，就有人类活动的足迹。如表7-4所示，春秋战国时期开始，阿拉善曾是狄、匈奴、鲜卑、柔然、突厥、回纥、吐蕃、蒙古等少数民族的游牧地。从阿拉善和硕特部从事游牧起，至今已有300多年的历史。汉族作为牧民在阿拉善左旗从事放牧活动是新中国成立之后开始的，尤其是三年自然灾害的影响迫使大量汉族人口进入阿拉善牧区，多数以长工的身份为蒙古族牧民打工，后因联姻、草场承包等原因成为从事草原畜牧业的牧民，汉族畜牧业的生产方式效仿蒙古族，两者之间并无明显差异，仍然保持着由人草畜三者形成的放牧方式。在新疆博尔塔拉蒙古自治州精河县，据《精河县志》记载（如表7-4所示），有记载的人类活动可追溯到早在两千多年前的春秋战国时期，尽管朝代不断更替，但是新疆的博尔塔拉一直是北方少数民族的游牧地。精河县在两千多年前就有月氏、塞种、乌孙等民族在此游牧，直到18世纪中叶，均是各游牧民族的放牧地。乾隆年间至19世纪，由于军事需要在此布置军屯，为满足粮食需求引入大量内地农民开始了农业开发活动。但是，相比较而言，畜牧业仍然是最主要的资源利用方式，而哈萨克族和蒙古族为目前最主要的从事畜牧业的民族。

表7-4　　　　　　　　　　两个案例研究地放牧历史

时期	阿拉善左旗放牧活动	精河县放牧活动
春秋 （前770—前476）	北狄牧区	塞种人放牧地
战国 （前476—前221）	月氏、匈奴牧区	
秦 （前221—206）	匈奴牧区	

续表

时期	阿拉善左旗放牧活动	精河县放牧活动
西汉 （前206—25）	北地郡西境、匈奴右贤王牧区	前185年月氏人占据了塞种人的放牧地，前160年，乌孙西击月氏，精河县属乌孙人游牧地
东汉 （25—220）	北地郡西境、匈奴、乌桓、鲜卑、羌族牧区	
三国魏 （220—265）	匈奴、乌桓、鲜卑、羌族牧区	
西晋 （265—317）	秃发、鲜卑于旗西北部放牧、匈奴贺兰部于贺兰山西部放牧、匈奴铁佛部于旗东部放牧、鲜卑拓跋部游骑出没在东部	
前后赵 （304—350）		
前后秦 （351—417）	东部北部为柔然部落游牧区，西南部为秃发、鲜卑游牧区	402年柔然西迁西击乌孙，乌孙南迁葱岭，精河为柔然、悦般部角逐之地
夏 （417—423）		
北魏 （424—530）	柔然游牧区	
西魏 （535—556）		
北周 （557—581）	柔然与突厥游牧区	
隋 （581—618）	突厥、达头可汗游牧区	582年为西突厥游牧地，658年西突厥汗国灭亡，精河归双河都督府管辖。756年葛逻禄人占据准噶尔盆地，精河属葛逻禄管辖，840年精河属喀喇汗王朝管辖
唐 （618—907）	初期为回、突厥诸部游牧地，末期为吐蕃、党项游牧地	
五代 （907—960）	吐蕃、回鹘、党项	

续表

时期	阿拉善左旗放牧活动	精河县放牧活动
宋 （960—1279）	吐蕃、回鹘、党项、鞑靼、阻卜诸部游牧地	蒙古部落游牧地
西夏 （1032—1227）		
元 （1206—1368）	蒙古部落游牧地	
明 （1368—1644）		先后为瓦剌、准噶尔部的游牧地
清 （1644—1911）		主要为卫拉特蒙古土尔扈特部游牧地、哈塞克乃曼部落的游牧地
中华民国 （1912—1949）		
中华人民共和国 （1949年至今）	三年自然灾害甘肃等地大量汉人进入，成为当地牧民主要组成部分	

注：本表中案例地各民族的放牧活动时间并不能与历史时代的划分完全吻合，此表目的为展示放牧活动的历史过程。

在干旱区草原畜牧业存在的历史已有数千年，从系统演化的角度来看，即便是当今在保护生态的大背景下，草原畜牧业的存在也并不能仅视为一种人为对于草原生态系统的干扰，而是在长时间尺度的相互作用中，成为草原生态过程中的一个部分。因此，在草原畜牧业的发展过程中，牧区社会系统和生态系统内部诸元素之间并非毫无关联、偶然地堆积在一起的，而是形成了紧密的相互作用。本书将这种系统之间的相互作用、控制和反馈的关系，称为耦合关系。这种耦合关系普遍存在于草场社会生态系统中两两元素之间，以及社会和生态两个子系统尺度上，从而在整个系统内形成在一定时间、空间上相对稳定的结构和功能。需要特别说明的是，耦合关系并不是两个系统元素之间机械的组合，而是必须具备二者之间的相互联系，比如畜牧业和草场生态的组合，不仅是"羊吃草"的简单关系，还产生了与之相适应和不断发展的文化与制度，以及形成了特定的景观格局等。从历史的角度出发，有助于理解干旱区草场中"人—草—畜"

的相互关系，认识草场社会与生态相互作用与反馈所形成的整体系统。放牧历史对于理解"人—草—畜"的关系非常重要，已有很多研究指出，在具有较长放牧史的干旱半干旱区草场，草原生态系统各种类型的生物群和土壤环境之间是一个协同变化的整体。①

第二节   草场社会生态系统服务产生的基础

在畜牧业生产过程中，社会系统与生态系统之间在时空尺度上存在着紧密的耦合关系，总结如表7－5所示，在时间尺度上体现为牲畜数量和水草资源可用量之间的负反馈关系，在空间尺度上，通过牲畜移动和多样化实现了与水草资源空间异质性的耦合。畜牧业的生产过程本身即是牧民经济的发展过程，同时也是草场资源管理与利用的过程，从畜牧业生产的角度描述这种时空耦合关系，可以将其与生态系统的关系称之为适应的动态平衡耦合。费孝通先生也曾经表述：游牧与农耕是两种不同的生产方式，它们所依据的生态体系亦不同，前者具有非常精巧的平衡（a delicate equilibrium），而后者则为一种稳定的平衡（a stable equilibrium），游牧是人类对于自然的单纯适应。② 虽然草场社会生态系统中存在着错综复杂的关系，上述所指的动态平衡也是通过系统中各要素的相互作用而实现，草场社会生态系统服务正是这种动态平衡的产出。本书从草场资源管理的角度，详细论述其中三种最为主要的动态平衡关系，即牲畜和植被的关系，牧民和草场的关系，以及畜牧业和干旱区水资源的关系。

一   牲畜与植被的作用与反馈关系

牲畜与植被的作用发生在最小的斑块尺度上，牲畜的采食、践踏、排泄等过程直接影响着植被的生长过程，并且牲畜与植被之间呈非线性的关系。克莱门茨提出的植被演替理论认为，植被状态对放牧压力呈线性可逆

---

① Cingolani, A. M., Noy – Meir, I., Sandra Díaz, "Grazing Effects on Rangeland Diversity: a Synthesis of Contemporary Models", *Ecological Applications*, Vol. 15, No. 2, 2005.

② 麻国庆：《社会结合和文化传统——费孝通社会人类学思想述评》，《广西民族学院学报》（哲学社会科学版）2005 年第 3 期。

的响应，随着放牧压力的增加植被的状态会趋向亚健康状态；当放牧影响消失之后，植被又经由恢复演替重新回到到顶级群落状态。但是，随着研究的增加，大量学者发现在具有较长放牧历史的地区，植被和牲畜之间并非简单的线性关系，植被会在长期的牲畜采食过程中形成适应及反馈，在适度的放牧压力下与牲畜之间形成积极的作用机制。

表 7 - 5　　　　　　　草场社会生态系统的时空结构与耦合关系

结构		生态系统	社会系统
时间	小尺度：一年的畜牧业周期	四季水热条件变化及牧草生长过程	牲畜繁殖、喂养、出栏等决策
	大尺度：数十年	自然灾害频发	牲畜规模波动
空间	小尺度：牧户尺度	牧草种类小范围的异质性	移动 + 牲畜多样化
	大尺度：景观尺度	景观异质性	大范围移动

　　首先，适度放牧可以促进植被生长。通过放牧，牲畜可以采食掉植物的枯枝黄叶，使植物在生长季节保持较旺盛的光合作用能力，促进植物在后期的净光合生产，这被称为植物补偿性生长[1]。Oba 的研究发现，通过连续移走植物活组织和减少死亡物质的累积，牲畜刺激了植被的生产功能[2]。张谧等在珍珠荒漠草场上的模拟牲畜采食的研究也表明，适度采食可提高珍珠的活力，与对照相比（无干扰），在人来回走动（模拟践踏）并剪去植株当年生新枝的 30% 可促使当年植株冠幅提高 25%，地上生物量提高 90%[3]。本书对于牧户的访谈也证实了这一现象，牧民所表述的牲畜对于植被的影响包括，"草场不能没有牲畜吃，要不然就长不起来，就跟人剪头发一样，要修剪才能长得好"，"被牲畜吃过的草都是绿绿的，禁牧的草都枯死了"，等等（访谈记录，2010）。

　　其次，适度放牧是维持群落多样性的前提。群落中种间的竞争排斥决

　　①　李永宏、汪诗平：《放牧对草原植物的影响》，《中国草地》1999 年第 3 期。

　　②　Gufu Oba, Eric Post, P. O. Syvertsen, "Bush Cover and Range Condition Assessments in Relation to Landscape and Grazing in Southern Ethiopia", *Landscape Ecology*, Vol. 15, No. 6, 2000.

　　③　张谧、王慧娟、于长青：《珍珠草原对不同模拟放牧强度的响应》，《草业科学》2010 年第 8 期。

定了群落中不同物种生态位的变化，进而决定了生物多样性，而放牧则可以通过对不同植物的抑制和促进作用决定物种的变化。轻牧或中牧会增加种的多样性，适当的放牧使群落资源丰富度和复杂程度增加，维持了草原植物群落的稳定，有利于提高群落的生产力①。牧户在实际调查中也反映，"牲畜在草场中就是个播种机，毛上粘了草籽到处撒，牲畜走过的草场紫花苜蓿、羊草啥都有，完全禁牧的草场就是蒿子"（访谈记录，2012）。

再次，适度放牧可以增加植被的营养组分。动物排泄物中的氮在土壤中，可以产生类似肥料的效应，促进氮元素的矿化，增加植被对氮元素的可利用率②。牲畜通过践踏作用，减少了枯枝落叶在土壤表层的堆积，加速了氮元素的净矿化作用③。

通过以上介绍可以看到，在具有较长放牧历史的地区，牲畜与植被间的相互作用关系是一个复杂的过程，牲畜不仅是简单的消耗植物量，同时在适度放牧条件下还能促进植物更新，使植物发生补偿性生长；而植物也不是被动的被牲畜啃食和踩踏，而是形成了适应性的生长策略。牲畜的采食、践踏和排泄粪便影响着植被的群落结构，促进植被的补偿性生长和物质循环④。

二　牧民对牲畜及草场的管理

"草—畜"的作用与反馈关系发生在最小的斑块尺度上，当牲畜作为一种"流动斑块"在草场中移动时，则将不同尺度的生态系统连接起来。而人作为牲畜的管理者，则直接影响了牲畜的移动方式、移动时间等，并在放牧的过程中获得草场生态和相关人类活动的信息。

---

① 李金花、李镇清、任继周：《放牧对草原植物的影响》，《草业学报》2002 年第 1 期。

② Frank，D. A.，Evans，R.，"Effects of Native Grazers on Grassland N Cycling in Yellow Stone National Park"，*Ecology*，Vol. 78，No. 7，1997.

③ Frank，D. A.，Evans，R.，"Effects of Native Grazers on Grassland N Cycling in Yellow Stone National Park"，*Ecology*，Vol. 78，No. 7，1997.

④ 侯扶江、杨中艺：《放牧对草地的作用》，《生态学报》2006 年第 1 期；Fernandez – Gimenez，M. E. and S. Le Febre，"Mobility in Pastoral Systems：Dynamic Flux or Downward Trend？" *The International Journal of Sustainable Development and World Ecology*，Vol. 13，No. 5，2006；Nelson，F.，"Natural Conservationists？Evaluating the Impact of Pastoralist Land Use Practices on Tanzania's Wildlife Economy"，*Pastoralism*，Vol. 2，No. 1，2012.

　　首先，上一节中植被与适度放牧之间的关系需要通过牧户对牲畜的管理来实现。大量人类学家和社会学家对该领域进行了研究，牧民的地方性知识和习俗机制均是促进牧民进行适度放牧的重要因素。在传统的放牧机制中，一个部落的牧户会根据降水情况、草场植被等因素合理安排放牧强度，牧户间共同商定四季牧场的边界、走场时间，确保牲畜不对草场造成过度的利用①。

　　其次，牧区社会的经济、文化、制度和宗教信仰都高度依赖于草场生态系统，成为其管理和利用草场的核心动力②。长久以来，牧民依靠草场资源进行畜牧业的生产过程，而畜牧业又直接依赖于草场生态系统，牧民的文化中将"长生天""腾格里"作为崇拜的最高对象和一切权利的来源。

　　再次，草场的面积广阔及地处偏远的分布特征，也决定了牧民作为管理主体的必要性。草原牧区多处于我国的边疆地区，地广人稀，多则户均几万亩草场，少则也有几百亩，对于草场的监管很难依赖于仅有少数职员的政府部门。

三　畜牧业对干旱区水资源稀缺的适应

　　从生产方式与生态系统的尺度来看，畜牧业最大限度上适应了干旱区水资源匮乏及剧烈波动的生态特征。在畜牧业的生产过程中，牧户并不是自然资源的直接使用者，生态系统与社会系统之间的物质流动通过牲畜进行，其中"水、草"是涉及的主要资源。牲畜通过在大空间尺度上的移动，使不同类型的草场植被利用，转化为支持社会系统经济活动的物质。在以往的研究中，水资源常被当做一个畜牧业生产的关键资源，但在物质流的分析方面还是以草场植被为主。干旱区最主要的特点是干旱缺水，牧民对于水资源的利用方式直接决定了生态系统的状态。牲畜可以通过大范围的移动采食利用各种形式，但人类无法直接利用的水资源。如图 7-8所示，牲畜可以在采食的过程中，利用大气中的水分、植被水分，以及降

---

　　① 麻国庆：《社会结合和文化传统——费孝通社会人类学思想述评》，《广西民族学院学报》（哲学社会科学版）2005 年第 3 期。

　　② 何星亮：《中国少数民族传统文化与生态保护》，《云南民族大学学报》（哲学社会科学版）2004 年第 1 期。

雨、积雪等积聚形成的地表水，只有当干旱的时候或者在缺水草场，牧民通过浅层地下水供牲畜饮用。因此，畜牧业的生产过程中，充分利用了各种自然过程中的水资源，将人类对于水资源的开采降到了最低程度。

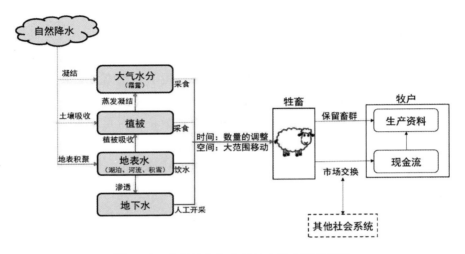

图 7 - 8　草场社会生态系统中的水资源流动

　　综上所述，在畜牧业的生产过程中，人与草场之间的关系一方面体现在利用与被利用的关系之中，牧民通过饲养牲畜消耗牧草实现畜群的生长和繁殖，维持基本生活需求并通过牲畜买卖参与到更大范围的市场中；另一方面，牧民通过控制家畜的移动、规模和种类等影响着草原生态系统的过程和功能，牲畜的采食、践踏和排泄粪便影响着植被的群落结构，促进植被的补偿性生长和物质循环。在很多草原地区，天然畜牧业已经有了数千年的历史，牧民为了能够持续地利用草场，将保护草场的观念和行动融入习俗制度和宗教信仰之中，使得这种生产生活方式得以持续；从更大时空尺度看，也正是由于"人—草—畜"所组成的畜牧业生产系统能够应对，并且适应草原地区特殊的自然环境（干旱缺水、气候波动剧烈），牧区社会和草原生态系统才能够维持至今。因此，草和畜之间的关系并不是独立存在的，而是联系人和草场，以及人类社会与外部自然环境的关键环节，从系统的角度来看，人草畜是一个耦合的、复杂的、相互整合演化的系统，如图 7 - 9 所示。如果假定草场社会系统有 n 个元素（包括个体及社区层面的行为、文化、习俗、规则等），任一元素用 Xi（$i = 1$，2，…，n）来表示，草场生态系统有 m 个元素（包括水、植被、土壤等），任一元素用 Yj（$j = 1$，2，…，m）来表示。又假定 Si 和 Ej 分别为 Xi 和 Yj 的某种量度，它们的改变量为 $\Delta Si/\Delta t$ 或 dSi/dt、$\Delta Ej/\Delta t$ 或 dEj/dt，如果这种改变量是连续的，于是草场社会生态系统元素之间的相互作用便可以用一个微分方程组来表示，

$$dSi/dt = f_i（S1，S2，…，Sn，S1，E2，…，Em）i = 1，2，…，n$$
$$dEj/dt = f_j（S1，S2，…，Sn，S1，E2，…，Em）j = 1，2，…，m$$

这个方程组表明：草场社会生态系统中任何一元素的状态变化（dSi/dt）或者（dEj/dt）均是所有元素的函数或结果，而任一元素性状的改变（方程右边 Si 和 Ej 的变化）又引起所有其他元素性状的变化（dSi/dt 或者 dEj/dt 的变化）。

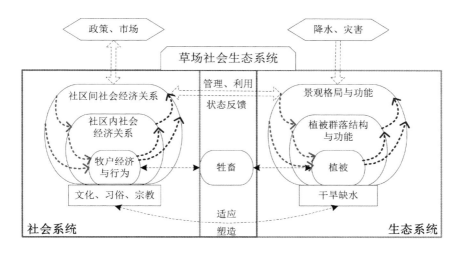

图 7 - 9　草场社会生态系统示意图

- - - - →　代表大尺度动态对小尺度动态的影响
- - - - ▶　代表小尺度动态对大尺度动态的影响
◁- - - ▷　代表多尺度的相互影响，包括相邻尺度与跨尺度
◁- - - ▷　代表多尺度的单向影响
◀- - - -　代表两者之间的相互作用关系

正如任继周院士所指出的，放牧是草原生态系统存在的基本方式，是

陆地生态系统最重要的管理方式之一，维持着草地的生态健康和生态稳定，而人居、草地、畜群三者形成的放牧系统单元是一个共生体。而现有的生态保护政策最根本的缺陷就是抛开了它的内核，即人居、草地和畜群的放牧系统单元①。

第三节 生态补偿政策的跨尺度影响
驱动力与作用机制

本书的第四章和第五章分别分析了禁牧和休牧在政策目标尺度、影响尺度和生态过程尺度上对于社会生态系统的影响。那么对于不同尺度的系统来说，其变化的主要驱动力是什么？在驱动力的影响下，系统内部的要素关系发生了怎样的变化？通过怎样的物质/能量/信息流动传递到了其他尺度上？

一 不同尺度变化的主要驱动力

如图 7 - 10 所示，在政策目标的尺度（尺度 I ）上，其主要目的是恢复草场生态，"减畜"的政策措施成为改变该尺度内要素之间关系的主要驱动力。系统内的要素从由牧户、牲畜和草场的结构，转变为排除牧户和牲畜的草场自然恢复的结构。

因为大面积的草场成为禁牧区，牧户的生产和生活空间被压缩，提高经济产出最大化成为主要驱动力，从而对尺度 II 的系统产生影响。在政策影响的尺度（尺度 II ）上，为了保障尺度 I 内的"减畜"状态能够持续，需要对牧户的生产及生活进行安置或者调整，改变了更大尺度上社会与生态结构和过程。改变畜牧业的生产方式，提高单位面积的经济产出，现代化与集约化的产业安置直接改变了牧民、牲畜和草场的结构关系。如在阿拉善左旗，农业代替了畜牧业，在精河县，依靠饲草料地种植的半农半牧代替了传统的四季游牧。

---

① 任继周：《放牧，草原生态系统存在的基本方式——兼论放牧的转型》，《自然资源学报》2012 年第 8 期。

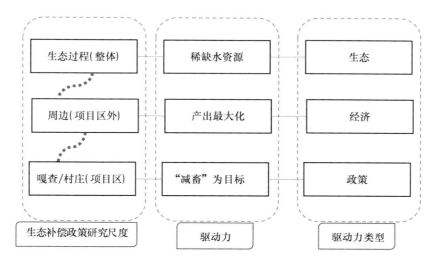

图 7 – 10　不同尺度变化的主要驱动力

从生态系统整体的尺度（尺度Ⅲ）上，限制性水资源仍然是影响社会生态系统过程的主要驱动力，尺度Ⅰ和尺度Ⅱ的生态及生计效果直接依赖于水资源，并且系统整体水资源的可得性与波动性直接影响上述两个尺度的变化趋势。如在阿拉善左旗，政府依据水资源利用情况所作出的政策调整，会影响安置区（尺度Ⅱ）的种植面积、结构、生产成本，地下水资源的过度开采也会进而影响草场（尺度Ⅰ）的植被状态。而在精河县，通过对两个村庄的对比可以发现，种植业水资源的可得性直接决定了两个村庄不同的社会经济表现，而艾比湖水面的下降所造成的生态破坏也将严重影响牧民的生产和生活，成为当地政府需要解决的最为紧迫的问题。

从各尺度变化的驱动力的关系可以看出，在政策实施和影响的两个尺度内，均在追求一种"最优化"的生态或者经济目标，在政府的表述中是解决"社会—生态"问题，但是实际上却是一个尺度解决生态问题，而在另外一个尺度解决生计问题。这种不同尺度生态和生计目标的分离，往往会伴随着目标之外另一种压力的转移，如在禁牧的同时需要向其他地区转移人口和牲畜，不同驱动力下的社会及生态过程将在下节具体介绍。

二　休牧禁牧政策下的跨尺度作用机制

本书将休牧禁牧政策的跨尺度影响机制总结为：系统压力在多尺度上的增加并多次转移的过程，具体表现为系统整体压力增加，但由于尺度间的传递作用而呈现尺度效应。

本节以阿拉善左旗的禁牧政策作为例子具体阐述机制作用过程，如图7-11所示，政策实施的尺度（尺度Ⅰ），在"减畜"为主要手段的生态补偿政策驱动下，减少了牧民对于草场的利用，通过异地安置的方式割裂了牧民、牲畜与草场之间的关系。从生态方面，牧草和牲畜之间的反馈关系消失，短期内可能有助于草场植被的恢复，但是从牧民表述及植被监测的数据来看，草场植被会因为缺少牲畜采食而抑制生长，甚至改变群落结构。从管理方面，牧民对于草场监管的缺失，以及政府部门监督的缺位，使得草场处于管理的真空状态，外来者进入草场的阻力降低，开矿、挖蝎子、挖发菜等破坏行为使草场地表植被受到了不可逆的破坏。

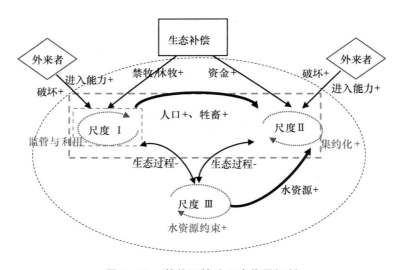

图7-11　禁牧下的跨尺度作用机制

尺度Ⅰ的禁牧政策直接影响了尺度Ⅱ的社会生态系统，人口及牲畜压力向尺度Ⅱ的流动导致了资源利用变化，大面积的草场禁牧导致非项目区内的人口压力增加，提高单位面积经济产出成为主要的生产目标，经济发展成为该尺度内的驱动力。因此，在这些地区集约化生产的发展方式成为当地政府推动经济发展的主要途径，而生态补偿的资金也解决了部分集约化发展所需的资金投入，如水利设施、集中居住区、基础设施的建设等。灌溉农业、温棚农业、舍饲圈养成为安置牧民的主要途径，牧民利用资源的方式从草原畜牧业转为农业生产，"人—草—畜"的关系也同时转变为"人—土地—水"的关系。

集约化生产的背后，是水资源消耗的急剧增加，单个牧户的水资源消耗量成数十倍的增长趋势，水资源的大量消耗将水资源的约束作用传递到了更大范围的尺度上。水资源总量稀缺、地面及降水补给稀少是尺度Ⅲ，即阿拉善地区生态系统的主要特征，直接制约着该地区的社会经济发展，同时也是生态系统景观格局形成的主要影响因素。尺度Ⅱ上禁牧牧民生产方式的改变，以利用大量地下水或者黄河引水为代价，成为阿拉善地区最主要的耗水源头，占到该地区水资源使用量的90%以上。从生态系统整体来看，虽然禁牧之后减少了对草场资源的压力，但是却增加了限制性因素水资源的压力，并且单位水资源的经济产出与牧业相比大幅下降。目前来看，这种资源利用方式的生态影响具有滞后性，但是至今（禁牧仅10年左右）弊端已经显现，地下水位下降、盐碱化程度增加、水资源供应不足等现象越来越明显，无论当地的经济发展部门还是水利部门，都将水资源的稀缺视为阿拉善左旗生态与经济发展的首要问题。从更大的时空尺度来看，这种状态的持续一方面会直接增加牧户的生产风险，另一方面将严重影响该地区的生态系统，甚至可能造成不可逆转的生态损害。

可见，就禁牧政策实施的尺度进行讨论，也许会得出短期内生态状态改善的结论。但是，对禁牧政策影响的跨尺度分析，可以看出禁牧政策的实质是一个压力递增并多次转移的过程，"减畜"的措施将人口及牲畜压力从项目区转移到非项目区，非项目区内集约化的生产方式，又进一步将对水资源的压力转移到更大尺度系统。在干旱区的生态背景之下，再去评价这样的生态政策及其影响，则可以得出"试图解决一个问题，却造成了更大尺度影响"的结论。因此，对于这种方式的生态治理政策，应该重新审视其所取得的效果，而不是一味地在原有思路上的完善。

三　限制性水资源的跨尺度影响及利用效率

限制性水资源的跨尺度影响

以干旱区限制性水资源为例，在草场生态补偿政策下，其跨尺度的影响非常显著。在阿拉善左旗，水资源主要来自贺兰山区、中北部吉兰泰盆地、腾格里和乌兰布和沙漠地下水（阿拉善左旗水利局，1993）。其中贺兰山上的地表径流和洪水，通过渗透汇集到地下盆地，这样就成为腾格里沙漠地下水的主要来源（图7－12），也形成了沙漠中的湖泊和泉水，对维持生态系统的稳定起到了至关重要的作用。但是当将禁牧的牧民集中在腰坝进行农业生产时，贺兰山到腾格里沙漠以及其他地区的地下水径流被大量开采，甚至形成了沙漠盆地水资源的倒灌。我们无法提供更加详细的资料证明禁牧区植被现在及未来因此所受到的影响，但是很多经验已经证明，对关键性水资源的消耗将会对干旱区生态造成不可逆的影响。通过这样的方式保护草场，无疑将生态风险传递到了更大尺度的系统整体上。

同样，在艾比湖流域，休牧定居的政策鼓励牧户农业开垦，增加了水资源的使用量。而这一小尺度的变化（农业对水资源的大量消耗），通过水的循环过程被传递到了流域尺度，加剧了该地区的水资源危机。同样在这里需要指出，本书并非将当地的水资源问题归因于草场生态政策，这仅是当地水资源消耗的一部分，但是需要引起注意的是通过这种方式对草场生态进行保护，尤其是政策在大范围推广的情况下，无疑加剧了该地的生态问题。

限制性水资源的利用效率

从牧业到农业的转变，抑或是到依赖于饲草料种植的畜牧业，都伴随着干旱区稀缺水资源的利用量增加，但是利用效率降低。本书将水资源利用效率定义为单位水资源的纯收入，计算公式为水资源利用效率＝纯收入/水资源使用量。以阿拉善左旗为例，如图7－14所示，天然草场畜牧业生产的水资源利用效率为 39.9 元/m³，而李井滩、腰坝滩两地仅为 0.66元/m³ 和 0.84 元/m³，分别相当于牧业生产水资源利用效率的 1/60 和1/48。这意味着在生产水平持平的状态下，现行生态补偿政策虽然能够减

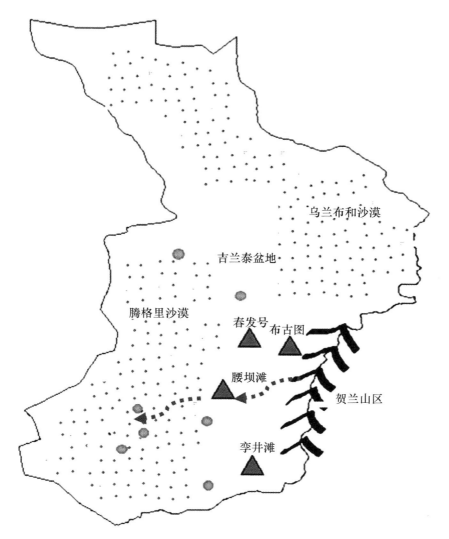

图 7 – 12　阿拉善左旗贺兰山与腾格里沙漠水文关系示意图

注：点线为水文示意图。

少牧户对于草场资源的利用，但是维持同样的收入水平，却需要消耗更多的稀缺水资源。

在这样的生产方式下，通常会造成以下三种情况的出现：

（1）可获取水→加剧水资源短缺→不可持续的生计→生态破坏，即当

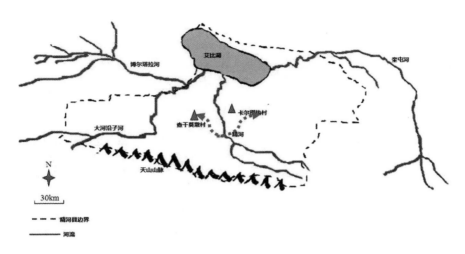

图 7 - 13　精河县案例地农业用水与艾比湖水文示意图

注：点线为水文示意图。

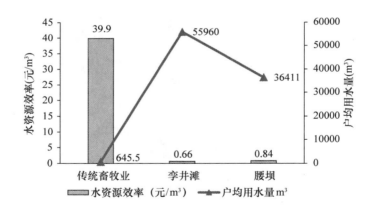

图 7 - 14　政策实施前后户均水资源使用量和水资源效率对比

存在可获取的水资源时，农业作为大量耗水的生产部门，会快速加剧系统整体的水资源短缺，造成生态系统的破坏。

（2）技术进步→提高水资源利用效率→生产成本增加→生计下降，即当水资源短缺限制农业生产时，可以通过节水灌溉技术的引进提高水资源的使用效率，但这通常面临高昂的成本，阿拉善和精河县正在进行这样的尝试，但均因无法获得资金支持而无法全面实施。并且需要注意的是，若以草原畜牧业的水资源利用效率为标准，农业节水技术则很难实现。此外，节水设施不仅需要大量的前期投入，更加重要的是需要在以后的生产中不断更新（如薄膜），这将严重影响农民的生产成本。

（3）难以获取水→不可持续的生计→贫困。当水资源的稀缺程度不足以支撑农业生产时，这些农户将面临又一次的生态与生计困境。如在阿拉善，一些官员在访谈中表示，"水资源问题再不能解决的话，这些移民恐怕又要第二次移民了"（访谈记录，2010）。而目前，如第四章所述，已经有部分牧民因为农业缺水生产无法进行，转变为以更具有破坏性的利用方式（挖奇石等）加剧生态破坏。

第四节　生态补偿政策产生负面影响的原因分析

基于上述分析，本书总结生态补偿政策产生负面影响的原因主要有三个：首先，在对待"人—草—畜"所组成的系统时，将草—畜关系过度简化，忽视了牲畜对植被既有采食作用，同时也具有促进补偿性生长等积极反馈作用；其次，牧户是牲畜的管理者，不仅调节着牲畜的数量和空间分布，同时也在放牧过程中保护与管理草场，将牧户排除在管理体系之外会造成管理主体的缺失；最后，在改变传统畜牧业的生产方式上，集约化的发展模式表面提高了生产能力，实际上却是依赖水资源短板上的发展，与干旱区水资源稀缺的生态特点不相符，而对水资源的大量消耗将对系统整体造成更加严重的影响。

一　简化了牲畜与植被的关系

在生态系统内部，生态补偿政策将草与牲畜之间的关系视为线性的采食与被采食的关系，而单纯地通过移出牲畜/减少牲畜的采食来保护草场。而事实上，生态学研究表明畜与草的关系并不像部分经济学家所假设的是简单的利用与被利用的关系，而是协同的关系。草场只有被适度采食，才能达到健康状态，牧草对牲畜的影响也并不是线性的，国内外的很多实验也证明，将牲畜完全从草原割离，草场植被会迅速改变甚至演替成其他状态①。不同畜种对于牧草有着不同的偏好，如山羊和骆驼喜欢啃食灌木，而牛则更喜欢采食草本植物，牲畜的适度采食促进了草场的生长，多种牲畜的共同作用平衡了不同种植被间的竞争作用，使得草场能够保持一个相对稳定的状态。阿左旗草场组成特征上以多年生的灌木和小灌木植物为优势（占 52.9%），主要建群种和优势种为珍珠、红砂、霸王、白刺、梭梭等。这类植物具有高度的耐旱、耐盐碱的性能，对当地的气候和土壤形成了良好的适应，一旦这种类型的植被死亡，当地的生态系统将面临崩溃，因为再没有其他植物能长期在这种类型的环境中生存。

以"减畜"作为政策目标和生态恢复的标准，显然并不与草场实际的生态状态相符。田野调查的结果也表明，在"减畜"效果最好的禁牧区，草场完全排除了牲畜的影响，但是草场生态并没有因此得以恢复，反而出现了植被生长缓慢、枯死率增加的现象。在贺兰山雨水较为丰富的地区，一年生草本植物大量生长、干枯，火灾成为当地最主要的生态风险。因此，生态服务提供的程度与牲畜数量的减少之间并不是等价的，按照现有的政策思路，那么政策执行得越彻底，所造成的生态损害也可能越大。在草场生态系统中，适度放牧才是生态服务提供的前提。

二　忽略了牧民在草场管理中的作用

现行的生态补偿政策，缺乏对于长期从事畜牧业牧民的清晰定位，片面强调了其对草场资源的利用和破坏。在草场社会生态系统中，草和畜的关系通过牧民的管理来调节，在数千年的草原畜牧业发展过程中，牧民一直是草场生态管理的主体，对于草场生态保护起到了至关重要的作用。但是，在现行的生态补偿政策（包括各类其他草场生态治理项目），如最早最权威的有关草原生态的政策文件《国务院关于加强草原保护与建设的若干意见》，直到现在的"草原生态保护补助奖励机制"，从中央到地方文件，都仅仅强调了牧民对于草场资源的依赖、破坏作用，却没有任何一个

① 任继周：《放牧，草原生态系统存在的基本方式——兼论放牧的转型》，《自然资源学报》2012 年第 8 期。

文件详细阐述过牧民在管理和保护草场生态系统中的作用，因此现在的政策均是将牧民设定为生态破坏的对象。

在这种思路下所形成的生态保护政策，保护主体将牧民排除在外。如本书案例地所涉及的禁牧、休牧，完全或者部分将牧民与草场隔离，即便按照生态奖补机制的规定，在一些实施草畜平衡的地区，载畜量也是由政府规定牧民执行，牧民在这个过程中剥夺了话语权。但是从对草场的管理的效果来看，将牧民排除在外之后，政策并没有为草场提供一个有效的管理者，尤其是完全禁牧的地区，反而形成了一个管理的真空地带，成为外来破坏者最易进入的区域。修建围栏成为政府管理行为最显著的象征，如图 7－15 所示，在 2000 年大范围实施生态补偿政策之后，我国草场上围栏的面积迅速增加。而围栏是否能够保护草场，显然除了能够阻隔野生动物的迁徙，围栏并不能有效减少其他的人为破坏。

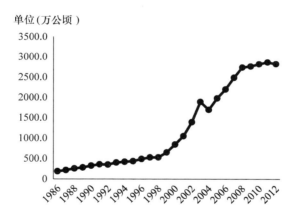

单位（万公顷）

图 7－15　1986—2012 年我国草场围栏面积变化趋势

牧户与草场之间对立关系的假设，对于生态治理政策的实施来说也是一个巨大的挑战，这意味着政策要肩负起改变当地长期从事的生产方式的任务，而实际操作过程中，这种生产生活方式的改变对于当地牧民生计的影响是深远的。一些禁牧的牧民能够完成牧民到农民角色的转变，更有一部分未能适应农业生产的牧户，在搬迁之后选择离开或者返回原来的牧区。如 1994 年搬迁至李井滩地的一个嘎查长回忆，当时全嘎查来了 25 户，仅有 12 户留了下来。甚至有的嘎查移出来 20—30 户人家，最后仅留下 2—3 户。而蒙古族历史上从未出现的讨饭、偷窃现象也就此而生。

三　依赖水资源短板的替代发展模式

在我国，草原位于 400 毫米降水线的西北侧，这种地理上的分割成为其与农区最直观的区别。在草原地区，发展农业对生态系统的弊端已经达成共识，农业对于牧区生态的影响已经有了很多讨论。但是在现行的生态补偿政策思路下，开垦农田/饲料地等行为却又一次被视为拯救更大面积草场的途径，尤其是在本书所研究的干旱区草场，这种现象更为普遍。

综上所述，禁牧完全割裂了牧户、牲畜和草场之间的联系，随之消失的还有牲畜与植被之间的协同作用、牧户对于草场的管理，而政策的实施对这些作用并无替代作用，因此产生了草场的退化和外来者对于草场的破坏。与此同时，搬迁的牧户又与其他自然资源间建立了新的联系，如在农业种植中的土地和水资源。从"减畜"的目标来看，确实达到了效果，但是从系统整体来看，这种政策的直接效果是将干旱区人类的经济发展建立在了最稀缺的水资源上，其脆弱性和对生态的损害可想而知。

第四部分　建议与结论

第八章　干旱区草场生态补偿政策建议

　　本书着重讨论了尺度在评价政策影响中的作用，分析了现行的休牧禁牧政策对于不同尺度系统的影响，并对其作用机理进行了阐述。那么，干旱区生态补偿政策应该如何实施？前文的研究表明，完全割裂"人—草—畜"的关系会对草场生态造成不利的影响，而其他替代性生计也往往是建立在干旱区资源短板上的发展，对水资源的消耗和高昂的生产成本使得这种生产方式会造成更大的生态和生计风险。那么，在干旱区这样特殊的生态系统中，生态补偿该如何在不同尺度发挥作用，比如应该如何处理"人—草—畜"的关系，怎样通过补偿对替代性的生计方式加以支持？本章从三个方面对生态补偿政策的建议进行分析：首先，从第六章的研究看出，传统上牧民能够有效利用和管理草场资源，那么为什么"过牧"会发生，在牧户尺度上的解释是什么，不同尺度社会生态系统变化与"过牧"的联系是什么？其次，牧区需要怎样的生态补偿，其中应该处理的关键因素有哪些？最后，合理的生态补偿政策应该如何设计和实施，目前可能/可行的具体措施是什么？

第一节　牧区是否需要生态补偿

　　如上所述，畜牧业已经在干旱区草场存在了数千年的时间，并且社会系统与草场生态系统在结构和过程上都呈现了高度的耦合，具体体现在牲畜数量随着降水波动而变化，牲畜的空间分布也依据资源的空间分布进行调整，既然牧户对于畜群管理和草场生态有明确的认知，政府没有必要进行干预。那么，对牧户进行"无为而治"，从生态和生计上是否可行？

一　牧户对于草场退化的认知

实际调查表明，从较长的时间尺度（20 世纪五六十年代至今），草场的生态退化确实在发生，并且退化程度明显。为从资源直接使用者的角度调查草场退化的情况，本研究组对 "近些年①草场的变化？" 这一问题进行了开放式的访谈，调查了草场退化的情况以及退化的原因。以阿拉善左旗为例，几乎所有的牧户均表示，与 50—60 年代相比，草场退化非常明显。用牧户最为通俗的语言表述，如在哈什哈苏木，"那时候马进去（草里面）都看不见，现在兔子跑都能看见"，"嘉尔赛罕镇那边，骑马进去草高能到马镫子，现在老鼠都能看见"，"贺兰山以前进山的时候，红柳、灌木啥的多得挡着都进不去，后来就没有了"。

对于草场退化的原因，如图 8 - 1 所示，天气干旱是牧户提及最多的一项，占到了回答该问题总数的 73.0%；位居第二的是牲畜数量过多，一半以上的牧户认为牲畜数量的增加导致草场的退化；此外，还有人口增加、草场承包政策、移动减少、外来者破坏（主要是开矿、挖草药、捉蝎子等）等也是草场退化的原因。因此，从牧户的认知来看，除了无法改变的气候因素之外，牲畜数量过多是造成草场退化最主要的人为因素。在本书的另一案例地新疆精河县，同样几乎所有牧户均反映草场和 60—70 年代相比差了很多，比较典型的描述是 "以前的草场，羊可以吃一会趴一会，但是现在就要一直啃着吃"。对于退化的原因相比阿拉善更为集中，只提及了天气雨水变少以及牲畜变多。因此从牧户角度，草场退化确实在发生，并且这种变化十分显著，而牲畜数量过多是最主要的人为因素。

根据 1949—2011 年阿拉善左旗的牲畜数量统计数据显示（图 8 - 2），牲畜数量从解放初期到现在有了大幅度的增加，增速最快的时期为 50 年代到 70 年代。为调查历史时期的畜牧业情况，本组访谈了对村子整体情况比较了解的嘎查长和年龄较长的牧户。所获数据显示，如表 8 - 1 所示，相比于 50—60 年代，四个嘎查的人口都有了大幅度的增长，巴彦淖尔嘎

---

① "近些年" 主要指 20 世纪 50—60 年代，新中国成立的时候，因为在此时牧区还是维持最传统的放牧方式。

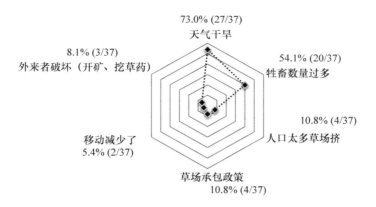

图 8-1　牧户对于草场退化原因表述频数分布（N＝37）

查户数增加了 8 倍左右，最少的布古图嘎查也增加了近一倍人口。与此同时，牲畜的数量也在增长，至少增加一倍以上，牲畜过多的采食和践踏都会引起草场的退化，这与统计数据反映的情况基本一致。

表 8-1　　　　　　　　　阿拉善左旗部分嘎查历史时期的牲畜数量变化

嘎查	年龄	职务	人口表述	牲畜
乌尼格图	65	嘎查长	1958 年的时候，嘎查只有 18 户人家，现在有 114 户	以前一户也就是 200—300 只，现在牲畜 8000 多只
长湖	39	副嘎查长	60 年代 17—18 户，现在 104 户	以前也就几千只，现在有 14000 只山羊和绵羊，还有其他大畜
巴彦淖尔	50＋	嘎查长	60 年代 5—6 户，现在 48 户	—
布古图	46	嘎查长	大集体的时候 50 户，现在 98 户	以前不到一万只，夏天的时候上贺兰山的就有 1—2 万头牲畜

二　草场退化的背后

第七章分析了传统畜牧业得以维持数千年的原因，其关键在于能够维持一个理想的"人—草—畜"系统，具体表现在放牧畜牧业随着自然资源的变化，在时间和空间上进行灵活的调整和移动，在社会和生态系统之间

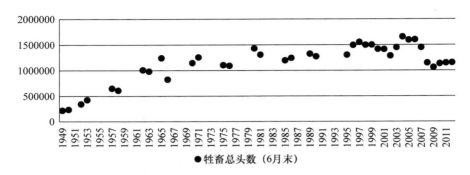

图8-2　1949—2011年阿拉善左旗6月末牲畜数量

资料来源：阿拉善左旗志、阿拉善统计年鉴。

注：由于部分数据缺失，趋势线由散点组成。

实现了对干旱区稀缺资源水的有效利用和保护，并且融入到牧户日常的知识体系当中。那么，为什么会出现牲畜数量增加导致的草场退化？草场是牧户的生产资料，"过牧"的直接受害者便是牧户，从牧户的角度如何解释这一现象？

　　牧户尺度的"过牧"

　　本研究组调查了牧户"理想牲畜数量、实际牲畜数量以及维持生活水平所需的牲畜数量"，其中理想牲畜数量是指不对草场造成压力的理想载畜量。根据随机抽取的15个牧户的数据显示（图8-3），平均每户实际拥有的养单位数量为355（355±120）只，而每户平均的理想状态为234（234±66）只，其中仅有两户（序号为3和7）饲养牲畜数量与理想状态相同。而对于维持生活水平所需的牲畜数量，按照现有的畜产品价格水平，牧户普遍反映人均100头牲畜才可以满足现在的生活需求，按照调研时期人均家庭人口数量为4.4计算，一户家庭需要400个养单位的数量。可见，从牧户的角度，尽管现在已经超出了理想的载畜量，但还是没能满足家庭需要。与传统草原畜牧业生产时期相比，牧户的基本需求有了显著增加，畜牧业对于牧户而言也实现了从生存型到商品型的转变，利润最大化成为牧户生产决策的主要目标，因此对于牲畜数量的调节与传统的畜牧业生产决策有了显著变化。在传统的牧区社会，牲畜主要用于满足一些基本的生活需求，如奶食品、肉食、皮毛等，偶尔需要与农区交换米面与生活用品。牲畜数量会随着降雨量的波动而变化，但是对于牧户来说，只要能够保存基本数量的母畜，那么牲畜可以在雨水较好的季节再次发展起来，牲畜不会对草场造成一个持久性的压力。但是近些年，尤其是20世纪80年代之后，随着牧户与外界社会经济交流的增加，牧户的生活需求在不断增加，牧户需要维持一个相对稳定的现金流。在这种情况下，对于畜牧业生产来说，就需要尽量规避频繁自然灾害所带来的经济风险，这一点在下文中详细介绍。

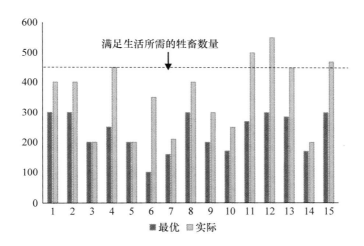

图 8 - 3　牧户理想载畜量与实际载畜量

"过牧"如何发生

那么如何降低自然灾害对畜牧业造成的经济风险？棚圈、饲草料地、购买草料等方式都有效降低了牲畜的死亡率，同时提高了繁殖率，降低了自然灾害造成的风险，其中购买草料的效果最为直接和显著。饲草料的输入，增加了作用于系统内部的物质流，直接影响了社会和生态系统之间的相互作用方式。如在阿拉善左旗和精河县，每年购买草料成本已经分别占到当年畜牧业收入的43.0%和23.1%（表8-2），精河县比例偏低的原因是，在定居点周围有开垦的农田，收获后的农田剩余物充当了部分饲草料的功能。而在传统的畜牧业中，补饲仅仅是以保持冬季妊娠母畜体力和营养为目的，而不是作为维持牲畜数量的方法。从50—60年代的大集体到现在，补饲规模大幅增加，如牧户所说"以前一群羊（200—300 只）补饲也就 800 斤，现在至少也要 8000 斤"。基于对牧区生产方式转变的调查来看，外部资源的输入打破了"人—草—畜"之间的反馈关系，自然灾害对牲畜数量的调控作用降低，草场处于长期压力过大的状态。已有部分研究指出，相比传统无外部饲草料输入的状态，补饲将会使牲畜处于一个较高的数量水平，尤其是灾年也保持了牲畜规模，即便是第二年雨水情况较好，草场也缺乏恢复的时间，因此草场存在很大的生态风险。

表 8 - 2 案例地牧户买草情况

案例地	时间点	买草牧户 （占调查牧户的比例）	平均买草成本占 当年畜牧业收入比例
内蒙古阿拉善左旗	2011	52（100%）	43.0%
新疆精河县	2011	13（33.3%）	23.1%

资料来源：依据调研数据整理。

因此，"过牧"仅是一个结果，问题的解决在于分析其产生的原因。现代牧户需要维持一个较为稳定的现金流（图 8 - 4a），而传统畜牧业生产会随着气候出现剧烈的波动，牲畜数量在灾年大幅减少，而畜群规模的恢复却要经历至少一年以上的周期，若是连续灾害，这一恢复周期则会更加漫长，从牧户生计的角度无法承受长期的风险。从生存型牧户（图 8 - 4a）到商品型牧户的转变，牧户对草场资源利用方式及载畜量的管理也随之变化，以"是否满足牲畜采食需求"为管理目标。在此情况下，牧户选择通过基础建设、买草料等手段保持牲畜的规模。在牲畜数量绝对增加的背后，实际是牧户维持传统的、与自然紧密反馈的"人—草—畜"状态的生计不可持续，因此需要不断买草料维持较高的牲畜规模。

政策对于"过牧"的影响

此外，一些政策因素加剧了牧户过牧的决策，本书仅在这里简单阐述，不做深入分析。目前最多讨论的是草场的产权问题，草场承包到户限制了牲畜移动，导致走场的经济和社会成本都随之增加，牧户不得不增加对草场的利用以降低生产成本。如白音塔拉嘎查在草场承包到户前，牧户会在草的高度在 6—8cm 时就开始移动到其他地区，但在承包之后，牧民

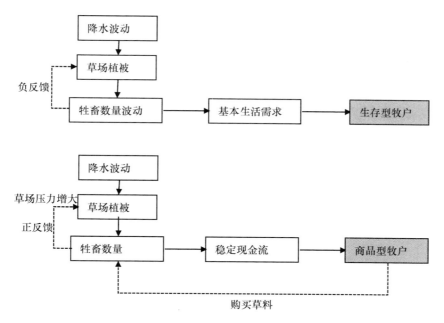

图 8 - 4　传统生存型牧户（a）和现代商品型牧户（b）的区别

只能在牧草变得极端短缺时才开始移动到其他地方，而有的时候则因缺乏可以用于及时移动的草场，牲畜不得不在同一块草场上踩踏，造成过牧。

三　生态补偿的必要性

牧区是否需要生态补偿？上文从牧户生计变化的角度，阐述了不能维持传统"人—草—畜"关系的原因。草原畜牧业不仅具备生态价值，同时也具有文化、社会等多种其他价值，那么从现有的市场价格来看，是否体现了草原的上述价值呢？

在畜产品市场，牧区牲畜产量与畜产品价格都不具备优势。从全国范围来看，牧区县①牲畜（羊）出栏量仅占到全国的 10% 左右（图 8 - 5），在内蒙古和新疆草原面积较大的地区，牧区的牲畜产量也仅仅分别为地区

---

①　农业部根据草地与农地面积比、畜牧业与农业收入比、牧业人口比例、环境及气候因素所确定的，目前全国有牧业县 120 个，分布在内蒙古（33）、吉林（1）、黑龙江（7）、四川（10）、西藏（13）、甘肃（7）、青海（26）、宁夏（1）和新疆（26）。

总产量的 50% 和 30% 左右（图 8-6 和图 8-7）。从牲畜九月①的价格来看，2001—2012 年，全国、内蒙古和新疆的羊肉价格分别为 26.6±12.5、24.8±12.6 和 26.1±13.4 元/千克，并且在内蒙古地区多数年份略低于全国的价格（图 8-8）。从牧户访谈的结果来看，外部市场的价格直接影响牧户出栏的价格，因此羊肉的价格也反映了牧区畜产品的价格。从访谈情况来看，牧区畜产品的价格并不占据优势，反而在一定程度上低于全国或者地区的平均水平。其原因主要有两个，即市场信息的不对称和地区偏远。首先，牧民并不直接与市场对接，而是通过二道贩子②收购牲畜，再出售到城市的屠宰场，因此牧民对价格的谈判能力处于弱势地位。此外，牧区距离市场较远，若牧户自行出售牲畜又会面临高昂的运输费用，相对价格也会降低。

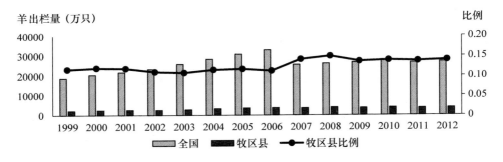

图 8-5　1999—2012 年全国及牧区县羊出栏量

　　牧区牲畜的价格波动非常明显，主要体现在灾害年份，牲畜出栏价格会大幅下降。尽管数据显示从 2001 年开始，羊肉价格一直成上涨趋势，但是根据牧户调查的信息可知，牧区牲畜价格并非持续增加，而是随着自然灾害剧烈波动。在牧区，牲畜出栏一般在 9—10 月，此时牲畜膘情最好，并且 10 月之后牲畜则需要大量饲草料喂养，成本较高。正如上文所述，牧区多处于距离中心市场较远、交通不便利的地区，在所调查过的内

---

　　①　选择 9 月的价格进行分析，主要考虑在牧区牲畜出栏时间基本集中在 9 月，因此对牧区牲畜价格影响较大。

　　②　二道贩子，牧户对收购牲畜的小商贩的统称。

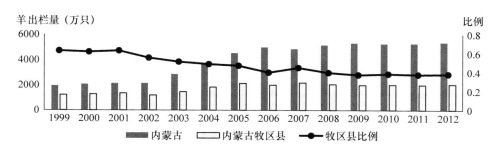

图 8 - 6　1999—2012 年内蒙古全区及牧业区县羊出栏量

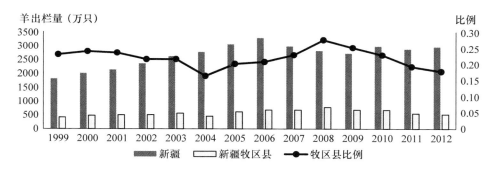

图 8 - 7　1999—2012 年新疆全区及牧业区县羊出栏量

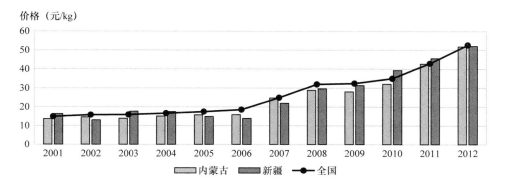

图 8 - 8　2001—2012 年新疆、内蒙古及全国羊肉价格（元/kg）

资料来源：2000—2013 年全国畜牧业统计年鉴。

蒙古克什克腾旗、阿拉善左旗、新疆博尔塔拉蒙古自治州、塔城地区等地，均是等待二道贩子到牧户家里收购。灾害年份牧区的牲畜价格也最低，一个原因是牲畜因采食不足膘情下降，另一个主要原因是牧户必须出售较多的牲畜才能在冬季避免牲畜死亡损失，但是二道贩子往往也因此压低价格。根据牧民的表述，"家里有 200 只羊，正常年份每年出栏 40—50 只，一只大羊的价格 400—500 元，但是天旱的时候就要出栏 70—80 只，一只也就 60—70 块钱就卖掉了，二道贩子精着呢，这个时候就压价格"（访谈记录，2011）。正因为如此，牧户只能尽量多储备草料，留足生产母畜，以备雨水好的年份迅速发展牲畜规模。

在上述畜产品的市场条件下，"人—草—畜"的价值不但从价格上没有体现，在灾害年份的低价出售反而成为牧户致贫的重要原因。在此情况下，牧户购买草料保持较高的牲畜数量是一种理性的选择，那么对草场生态的破坏也难以避免。因此，牧区的生态补偿是必要的，以此才解决牧户生计和草场生态的双重困境。

第二节　牧区需要怎样的生态补偿

第四章和第五章通过案例分析了现在仅以"减少牲畜数量"为目标的生态补偿政策的影响，不仅没有达到预期的目标，甚至产生了更多、更严重的生态问题。第六章的研究显示，由"人—草—畜"所组成的社会生态系统在长期的相互作用中已经形成了特定的结构和功能，成为维持牧户生计和草场生态的基础。那么，干旱区生态补偿思路与现行政策应有何区别？

一　维持"人—草—畜"的基本结构和功能

从政策的目标上，不再以减少天然草场上的牲畜数量为最终目标，而是将维持"人—草—畜"三者之间的良性互动为目标。需要特别指出，这一政策目标的改变，意味着不再将牧民和牲畜作为草场的破坏者，而将其视为草原生态服务提供中必不可少的一个要素。

"草—畜"的均衡点到底如何确定？由于草场自然气候的波动性，这一目标并不必要确定一个牲畜数量，而是更加强调"人—草—畜"三者之间相互作用的机制。按照本书第六章的内容，草场社会生态系统得以存在数千年，有赖于其社会和生态系统之间结构和功能的耦合，牲畜规模能够随着可利用饲草资源而灵活调整，并且适应干旱区特有的水资源稀缺的特点，而牧户尽量减少人为因素对生态系统的干扰。因此，本书认为"人—草—畜"之间作用的机制可以以人为资源的输入为衡量标准，比如减少饲草料地的种植、减少冬季饲草的输入，使草原畜牧业的生产与自然条件的变化尽量达到自然的反馈状态。但这一标准在各地区需要如何确定，还有待根据实际情况具体判断。比如，李艳波在锡林郭勒盟苏尼特左旗的研究指出，牧户现有的常年买草的放牧策略会给当地生态带来较大的生态风险。若牧民能够仅在灾害年份输入草料，则在长期内可以有效降低生态风险，并且保障牧户经济收入不下降。

二　以水资源效率作为替代生计方式的选择标准

牧区确实存在人口过多和经济水平较低的现实问题，替代性生计多元化将是解决牧区生态和社会问题的有力途径。但是，在干旱区草场这种特殊的生态系统中，经济发展的方式需要区别于农业，甚至是水资源条件较好的草原地区。干旱区最主要的特点是水资源稀缺，能否对水资源进行高效利用是评价替代性生计是否可行的重要标准。如果能够在政策制定中注意到这一关键因素，则会避免很多破坏草原生态系统的误区，如是否需要种植草料以弥补天然草场的不足，集中在小面积发展农业是否可以保护草场等。相应的干旱区的经济评价指标也需要相应改变，不再以单位土地面积的产出为标准，而应该以提高单位水资源的经济产出为目标。

实际上，基于草原畜牧业的旅游经营有可能是提高牧户收入的有效途径，同时保持水资源的有效利用。本研究组曾对牧区的牧户游进行过调研，研究结果显示参与旅游是提高牧户现金收入的有效途径。从事旅游经营的牧户一般以家庭为单位，在旅游旺季的时候接待游客，主要收入来自餐饮和住宿。夏季是旅游的高峰期，而夏季草场一般也是风景最好的牧场，在此期间牧户放牧地点基本固定，也因避开了打草、接羔等时节，劳动力相对丰富。奶食和肉食都是自己家提供，加工的费用便是旅游的纯收入。一般，一个家庭的旅游收入和畜牧业收入的比例约为 1 : 2—1 : 4。可见，旅游经营也成为该类牧户家庭一个主要的收入来源。并且，本组的研究显示，基于牧户的草原生态旅游能够有效分散游客压力，最大限度减少对草场生态的负面影响。因此，可以针对当地农牧民的旅游就业组织培训，如服务、才艺、工艺品制作等；鼓励旅游经营主体优先雇佣本地农牧民，尤其是被征占用草场、禁牧、家庭贫困的相关人员。建立旅游收益分配"反哺"机制，确保大型旅游企业的收益能够反哺当地的发展，如改善基础设施建设、当地牧民参与分红、加强公共服务保障等方面。

此外，充分开发干旱区植被、牲畜的潜在价值也可以成为收入多样化的有效途径。如在阿拉善左旗，已经开始探索种植干旱区特有的植被，如沙葱、苁蓉等具有食用和保健功能的产品。

三　多尺度的政策评估

基于本书的研究可以发现，不同的观测尺度对于评估的结果至关重要，也进而影响了政策进一步完善的方向。若是生态补偿政策中目标的实现是以更大尺度生态及社会的损失为代价，则同样很难保证其既定目标长期的可持续性。因此，在草场生态补偿政策的评估中，不仅需要关注政策的目标尺度，同样需要关注为了实现预期目标所影响的尺度，并基于二者的累积效应对政策进行全面的评价。本书的研究方法可以为未来草场生态补偿政策的多尺度评估提供很好的借鉴意义。

第九章 结论与展望

第一节 主要结论

以禁牧和休牧为主要手段的生态补偿政策成为干旱区草场生态治理的主要措施，虽然达到了政策预期的"减畜"目的，减少了牲畜对天然草场的压力，但在解决"过牧"问题的同时，政策也对系统的其他方面造成了影响，生态补偿政策陷入"解决一个问题，产生更多问题"的怪圈之中。那么，生态补偿政策的问题出在哪里？对草场社会生态系统造成了怎样的影响？以及政策应该如何设计，才能有效避免上述问题的出现？基于对生态补偿理论层面的解析，并通过跨尺度分析框架对实际案例的深入分析，本书得出以下结论：

（1）生态补偿理论方面，尽管生态补偿的逻辑简单清晰，并且相比以往的生态保护手段具有诸多优点，但是生态补偿往往会由于对社会生态系统内部复杂性的认识不足，以外部性的视角制定政策，造成政策的无效或者更多的负面影响。以"社会生态系统服务"代替"生态系统服务"有助于政策制定者重视目标系统的复杂性，尤其是不同自然资源利用系统中人的作用。具体到本书所研究的干旱区草场中，牧民与牲畜并非是单纯利用草原，阿拉善左旗的案例中显示，牲畜与草场植被之间是非线性的关系且牲畜对植被生长具有积极的作用，牧民作为牲畜的管理者同时也成为草场保护的主体。因此，在草场生态补偿政策中，应该维持"人—草—畜"的基本结构与作用机制，而非单纯减少牲畜或者禁牧。

（2）本书以我国草原地区广泛实施的禁牧和休牧生态补偿政策为例，通过跨尺度分析框架对两个典型案例进行研究发现，现行生态补偿政策在一个尺度生态或者社会目标的实现，往往是以更大尺度范围内生态及社会的损失为代价，这在一定程度上解释了为什么"局部改善，整体恶化"。在阿拉善左旗，在政策目标尺度内，禁牧政策在实施过程中减少了对草场的压力。但是在更大尺度上，为了实现禁牧目标而通过集中农业生产安置禁牧户的方式，大幅度增加了干旱区稀缺水资源的使用量，长期而言牧户生活也因水资源产生更多的不确定性。从生态系统整体的尺度来看，以农代牧的生产方式导致干旱区水资源紧缺的情况进一步加剧，约束当地的经济发展，并且可能对当地整体生态系统造成不可逆转的破坏。在新疆精河县，从休牧政策目标尺度来看，依靠饲草料地的畜牧业减少了对春冬草场的利用时间，同时牧户的生活水平有了显著的提高；在政策影响的尺度上，这种"成功"模式源于能够依靠大量外部资源的输入，尤其是依赖于农业生产；从更大尺度艾比湖流域来说，休牧政策将牧户生计的发展从依赖于天然草场转向于依赖于农业种植，实际上是依赖了水资源的大量使用，并不利于该地区的社会生态系统的发展。

（3）通过分析传统草原畜牧业在不同时空尺度上的牧户的生产行为，将草场社会生态系统服务的产生基础总结为：牲畜与植被的反馈关系，牧户对草场生态系统的利用和管理，以及草原畜牧业对干旱区水资源系统稀缺的适应。而草场生态补偿政策在不同尺度上破坏了上述基础，在政策目标的尺度，以"减畜"为目标政策驱动力，造成了人口及牲畜压力向其他相邻尺度的流动；在政策影响的尺度，以"产出最大化"的经济驱动力，试图通过提高单位面积产出提高牧户收入，但往往引起水资源的大量消耗，水资源利用效率下降，这种影响还会转移到更大尺度的社会生态系统中；而大尺度上的资源限制，又会进一步限制小尺度上系统的可持续发展。因此，现行的生态补偿政策很可能会造成新一轮的生态破坏。

基于本书的分析，给出如下政策建议：

（1）生态补偿政策目标：以维持"人—草—畜"的基本结构代替"减畜"的政策目标，即草场生态补偿并不是要对"减少牲畜数量所造成的损失"进行补偿，而是应该对"人—草—畜的耦合系统"进行补偿，其中包括维持"草—畜"关系的适度放牧和维持"人—草"关系的以牧户为管理主体两个方面。

（2）在替代性生计的选择方面：应该首要考虑到干旱区的限制性资源——水，以提高水资源利用效率为选择的重要标准。

（3）在生态补偿政策评价方面：重视多尺度的评估方法，不仅需要关注政策的目标尺度，同样需要关注预期目标所影响的尺度，并基于二者的累积效应对政策进行全面的评价。

第二节　本书可能的创新点

本书的创新点主要有以下三个方面：

（1）生态补偿理论层面，提出"社会生态系统服务"代替"生态系统服务"的概念，以强调目标系统内部社会及生态过程的复杂性，尤其注意在类似传统利用自然资源的地区，避免生态补偿政策由于仅强调生态系统服务外部性的解决而造成对社会生态系统整体影响的忽视。

（2）研究方法层面，利用社会生态系统理论和多学科尺度的相关研究，提出了政策影响的跨尺度分析框架，用以分析生态补偿政策的多尺度影响和跨尺度机制，对于现有研究内容及方法是一个有力的补充；并且，对于目前草场生态补偿政策"局部改善，整体恶化"的现象提供了有效的解释与研究框架。

（3）政策评价思路层面，针对干旱区的生态系统特征，区别以往大农业中以土地作为关键因素的评价方式，识别了干旱区限制性资源——水，并以此作为政策效果的一个评价指标，凸显干旱区的社会生态特征，为中国草原生态治理政策的评估与改进提供了一个新的思路和视角。

第三节　研究不足

在我国，草场生态系统覆盖了全国40%以上的国土面积，草场包括高山草原、草甸草原、荒漠草原等多个类型，涉及的民族也众多，其社会及生态背景的复杂性也可想而知。而我国的生态补偿政策在各地区的实施方式也千差万别，从研究角度不可能涵盖该领域所有的方面。本书试图对干旱区草场生态补偿政策的影响进行研究，但受到研究材料及本人能力、精力的限制，研究尚存在一些不足。主要涉及以下两个方面：

（1）本书仅研究了干旱区草场生态补偿政策，主要涉及的方式为禁牧＋农业种植、休牧＋饲料地，除此之外，还有多种其他的补偿方式，如舍饲圈养、草料补贴等。以舍饲圈养为例，若以此为研究对象，则对水资源的影响相比农业要小得多，其研究重点可能需要更多放在生产成本及风险上。由于案例限制，本书未将其他方式考虑在内，因此本书的研究结论需严格限定研究对象。

（2）对于植被生态状况的研究稍显欠缺。在精河县的调研过程中，由于牧户的冬草场距离当时住所较远，且调查时间为夏季，所以未能到达草场实际观测。在阿拉善左旗的研究中，若可以进一步分析植被长时间尺度的遥感数据，则研究结论会更加具有说服力。

（3）本书试图回答为什么草场生态补偿政策实施多年之后，仍然呈现"局部改善，整体恶化"的趋势。现有的研究基于详细的案例地分析展开，案例研究的优势在于可以反映真实的社会及生态过程，并且可以在诸多的案例研究中发现共性，本书的研究清晰地展示了生态补偿政策如何在不同尺度之间进行生态压力的转移，对预设问题具有很好的解释力。但是，不可否认仅基于案例的研究仍然存在诸多问题，最显著的是如何在小尺度与大尺度的变化之间建立直接的因果关系，并剥离其他因素的影响。限于本人的能力和时间，目前尚无法进行更加详细的研究，这一问题可以在未来深入探讨。

附录 1　文献可靠性分析

	可靠程度	生态			生产			生计			社会			牧区发展		
		积极	消极	无效	积极	消极	无效	积极	消极	无效	积极	消极	无效	积极	消极	无效
文献数量（篇）	来自直接的调查或监测	40	3	6	10	21	2	11	28	1	0	7	0	5	7	1
	第二手资料，宏观统计数据，逻辑分析，未明确来源的证据	23	9	7	10	4	2	5	11	0	0	4	0	3	4	0
	无证据/逻辑分析支持的结论，证据严重缺乏代表性	3	1	0	7	1	0	9	1	0	4	2	0	7	0	0
比例（%）	来自直接的调查或监测	0.61	0.23	0.46	0.37	0.81	0.50	0.44	0.70	1.00	0	0.54	—	0.33	0.64	1.00
	第二手资料，宏观统计数据，逻辑分析，未明确来源的证据	0.35	0.69	0.54	0.37	0.15	0.50	0.20	0.28	0	0	0.31	—	0.20	0.36	0

续表

可靠程度	生态			生产			生计			社会			牧区发展		
	积极	消极	无效	积极	消极	无效	积极	消极	无效	积极	消极	无效	积极	消极	无效
比例（%）　无证据/逻辑分析支持的结论，证据严重缺乏代表性	0.05	0.08	0	0.26	0.04	0	0.36	0.03	0	1.00	0.15	—	0.47	0	0

注：根据论文的资料来源与论证过程，文献结论的可靠程度由高到低大致分为三个等级：（1）相对可靠：来自研究者直接的生态监测、遥感影像分析，问卷调查等数据或较为深入的案例分析，这一类型的研究较为可靠。（2）有参考价值：基于对生态学实验的综述或引用其他人的监测数据、发观的统计数据等得到的结论，这些证据有一定的参考价值，但往往缺乏严格的比较基准，未排除其他因素的影响（如宏观统计数据），原文对其论证相对严谨，但是因为未说明其来源，无法判断其真实可靠性，一定程度上降低了论证的可靠性，一定程度上得出结论，据或逻辑分析作为支持，或者是基于零星特殊个案上得出结论，证据严重缺乏代表性，这种类型的研究结论缺乏可信度。用的证据能否充分支持其结论缺乏验证。另外一部分研究主要基于逻辑分析，或是使用了一些未指明来源的证据，这些证据和逻辑分析做出了相应的结论，这类研究直接做出论证缺乏可信度。（3）不可靠：这类研究型的研究结论缺乏可信度。

附录 2　阿拉善左旗草场类型及植被种类

	面积（亩）	占全旗草场面积（%）	主要植被种类（具体植物）	年降水量（毫米）	分布位置	全年理论载畜量（绵羊，只）
山地草甸类	21600	0.03	中生性草本植物为主，夹杂灌木（草本：高山蒿草、薹草、紫喇叭草等；灌木：鬼箭锦鸡儿、金露梅等）	350—450	海拔 >3000 米的贺兰山缓坡	781
温性草原类	594000	0.75	旱生多年丛生禾草和小半灌木（西北针茅、冷蒿、劲武针茅、百里香、刺旋花等）	250—350	贺兰山南段海拔 1800—2000 米的带状区	5650
温性荒漠草原类	1657800	2.11	旱生多年丛生禾草和小半灌木，伴有中生植物（戈壁针茅、小针茅、糙隐子草、刺旋花、蒙古扁桃、松叶猪毛菜）	150—250	贺兰山北段、狼山余脉、宗乌拉山海拔 1400—2000 米的砾石山地	16969
温性草原化荒漠类	22493805	28.56	旱生荒漠植被为主，伴有丛生禾草（荒漠植被：珍珠、红砂、蒙古扁桃、霸王、白刺，垫状锦鸡儿等；丛生禾草、戈壁针茅、小针茅、短花针茅等）	100—150	高山到沙漠边缘的平原区及丘陵地区	360202

续表

类型	面积（亩）	占全旗草场面积（%）	主要植被种类（具体植物）	年降水量（毫米）	分布位置	全年理论载畜量（绵羊，只）
温性荒漠类	53361600	68.14	土砾质荒漠化亚类：旱生、超旱生小灌木和半灌木（红砂、珍珠、霸王、绵刺、优若藜、麻黄、白刺）	<100	高平原地区	556417
			盐土荒漠亚类：盐生灌木、半灌木、耐盐碱草本植物（盐爪爪、白刺、芨芨草、芦苇、马蔺、苔草、冰草等）	80—150	高平原的低洼地和沙漠湖盆	
			沙质荒漠亚类：沙旱生植物为主（沙蒿、沙冬青、沙蓬、虫实、猪毛菜、沙鞭、梭梭等）	沙漠区100—150；北部沙带区<100	沙漠地区及北部沙带	
			石砾荒漠亚类：旱生植被（珍珠、红砂、白刺、绵刺、霸王、球果白刺、麻黄）	<100	北部石砾丘陵	
低地草甸类	319800	0.41	低湿地草甸亚类：湿生、中生、轻度盐化草甸（拂子茅、芦苇、苔草、赖草、草等）		黄河滩地、河岸、沙漠湖泊周围	14973
			低地盐化草甸亚类：盐化草甸（芨芨草、白刺、芦苇、苦豆子、碱蓬、滨藜）		湖盆低地	
合计	7848605	100				954992

附录 3　精河县草场类型及植被种类

草场类型	分布地区	可利用面积（亩）	季节	牧草种类	产草量（kg/亩）	比例（%）
低地草甸	近河滩地区	1806830	冬场	芦苇、獐茅、麦苡草、甘草、盐穗木、盐节木、骆驼刺、白刺、碱蓬、桂柳、子茅、水莎草、水麦冬、胖姑娘、铃铛刺	90—600	17.2
平原荒漠	山前冲积平原，海拔1200米以下	3475518	春秋场冬场	蒿、碱蓬、琵琶柴、猪毛菜、驼绒藜	<40	33.0
山地荒漠	低山区，海拔1200—1300米	1348435	春秋场	梭梭、沙拐枣、羽状三芒草、蒿、碱蓬、琵琶柴、猪毛菜、角果藜、锦鸡儿、假木贼、葱、瓦松	20	12.8
山地草原化荒漠	低山区，海拔1200—1300米	419935	冬场	锦鸡儿、猪毛菜、蒿、碱蓬、镰芒针茅、刺旋花、兔唇花、葱、隐子草	<30	4.0
山地荒漠草原	海拔1400—1700米	1310635	春秋场或者冬场	镰芒针茅、锦鸡儿、冷蒿、刺旋花、假木贼、葱、新麦草、羊茅、兔唇花	<40	12.5
山地草原	海拔1750—2100米	816255	冬场	针茅、偏穗冰草、羊茅、冷蒿、紫花、苔草、委陵菜、红豆草、勿忘草、绣线菊、铁杆蒿		7.8

续表

草场类型	分布地区	可利用用面积（亩）	季节	收草种类	产草量（kg/亩）	比例（%）
山地草甸草原	海拔 2000—2300 米	313803	夏场	糙苏、苔草、羊茅、披碱草、燕麦、早熟禾、山马莲、铁杆蒿、无芒雀麦、鹅冠草、乌头、马先蒿	30—80	3.0
山地草甸	海拔 2300—2700 米	222761	夏场	早熟禾、老鹳草、苔草、羽衣草、披碱草、唐松草、马先蒿、乌头、细柄茅、茅香、羊茅、白头翁、贝母、板春、梅花、山柳、酸模、圆柏、金露梅	50—60	2.1
高寒草甸	海拔 2700—3200 米	774492	夏场	蒿草、苔草、鬼见箭、锦鸡儿、委陵菜、石竹、唐松草、飞蓬、梅花、龙胆、马先蒿、棘豆	>50	7.4
高寒草原草甸	海拔 2900—3100 米	9013	夏场	短花针茅、白尖苔草、早熟禾、细柄茅、唐松草、羊茅	<30	0.1
高寒沼泽	海拔 2900—3100 米	20533	夏场	黑褐苔草、珠芽蓼、银莲花、毛茛、早熟禾	<30	0.2

参考文献

一　中文文献

阿拉坦达来、张金福、包根晓：《长期禁牧对阿拉善左旗荒漠草原的影响》，《草原与草业》2011 年第 1 期。

阿鲁贵·萨如拉：《蒙古族阿寅勒游牧经济的基本形态特征考察》，《西部蒙古论坛》2016 年第 2 期。

包利民：《我国退牧还草政策研究综述》，《农业经济问题》2006 年第 8 期。

波·少布：《古列延游牧方式的演变》，《黑龙江民族丛刊》1996 年第 3 期。

曹叶军、刘天明、李笑春：《草原生态补偿机制核心问题探析——以内蒙古锡林郭勒盟草原生态补偿为例》，《中国草地学报》2011 年第 6 期。

陈洁、罗丹：《中国草原生态治理调查》，上海远东出版社 2009 年版。

陈文烈、吴茜茜：《基于草原生态补偿政策的国家与牧民视角变异逻辑探寻》，《民族经济研究》2014 年第 1 期。

陈祥军：《本土知识遭遇发展：游牧生态观与环境行为的变迁——新疆阿勒泰哈萨克社会的人类学考察》，《中南民族大学学报》（人文社会科学版）2015 年第 6 期。

陈晓伟：《"瓯脱"制度新探——论匈奴社会游牧组织与草原分地制》，《史学月刊》2016 年第 5 期。

陈佑启、韦伯：《中国土地利用/土地覆盖的多尺度空间分布特征分析》，《地理科学》2000 年第 3 期。

陈佐忠、汪诗平：《中国典型草原生态系统》，科学出版社 2000 年版。

程涛、洪晶晶：《艾比湖流域未来 10a 水资源供需平衡分析》，《甘肃水利水电技术》2011 年第 4 期。

达林太、郑易生：《牧区与市场：牧民经济学》，社会科学文献出版社 2010 年版。

董孝斌、张新时：《内蒙古草原不堪重负，生产方式亟须变革》，《资源科学》2005 年第 4 期。

冯艳芬、王芳：《生态补偿标准研究》，《地理与地理信息科学》2009 年第 4 期。

高翠玲、李主其、曹建民：《退牧还草与草原畜牧业经营方式转变研究——基于乌审旗六嘎查的实证分析》，《管理现代化》2013 年第 1 期。

龚大鑫、金文杰、窦学诚：《牧户对退牧还草工程的行为响应及其影响因素研究——以高寒牧区玛曲县为例》，《中国沙漠》2012 年第 4 期。

巩芳、长青、王芳：《内蒙古草原生态补偿标准的实证研究》，《干旱区资源与环境》2011 年第 12 期。

谷宇辰、李文军：《禁牧政策对草场质量的影响研究——基于牧户尺度的分析》，《北京大学学报》（自然科学版）2013 年第 2 期。

《国务院关于加强草原保护与建设的若干意见》，2002 年 9 月，中华人民共和国中央人民政府网，http：//www. gov. cn/gongbao/content/2002/content_ 61781. htm。

韩茂莉：《历史时期草原民族游牧方式初探》，《中国经济史研究》2003 年第 4 期。

韩念勇：《草原的逻辑》，北京科学技术出版社 2011 年版.

韩柱：《人民公社时期内蒙古自治区牧区畜牧业经营管理评价及其启示》，《农业考古》2014 年第 4 期。

何星亮：《中国少数民族传统文化与生态保护》，《云南民族大学学报》（哲学社会科学版）2004 年第 1 期。

洪冬星：《西部地区草原生态建设补偿机制及配套政策研究》，博士学位论文，内蒙古农业大学，2012 年。

侯扶江、杨中艺：《放牧对草地的作用》，《生态学报》2006 年第 1 期。

黄文广、刘晓东、于钊：《禁牧对草地覆盖度的影响——以宁夏盐池县为例》，《草业科学》2011 年第 8 期。

姜冬梅、薛凤蕊：《"退牧还草"工程实施中面临的问题与对策研究》，
《北方经济》2006 年第 11 期。

靳乐山、李小云、左停：《生态环境服务付费的国际经验及其对中国的启
示》，《生态经济》2007 年第 12 期．

瞿王龙、裴世芳、周志刚、张宝林、傅华：《放牧与围封对阿拉善荒漠草
地土壤有机碳和植被特征的影响》，《甘肃林业科技》2004 年第 2 期。

亢庆、张增祥、王长有、于嵘：《艾比湖绿洲农业区土地利用动态与盐碱
化影响的遥感应用研究》，《农业工程学报》2006 年第 2 期。

雷志刚、丁敏、董志国：《荒漠化草原实施围栏效果研究》，《草食家畜》
2011 年第 3 期。

李金花、李镇清、任继周：《放牧对草原植物的影响》，《草业学报》2002
年第 1 期。

李金花、潘浩文、王刚：《内蒙古典型草原退化原因的初探》，《草业科
学》2004 年第 5 期。

李进：《阿拉善腰坝绿洲地下水位动态及预测模型研究》，博士学位论文，
长安大学，2007 年。

李文华、张彪、谢高地：《中国生态系统服务研究的回顾与展望》，《自然
资源学报》2009 年第 1 期。

李艳波：《内蒙古草场载畜量管理机制改进的研究：基于对草场生态学非
平衡范式的借鉴与反思》，博士学位论文，北京大学，2014 年。

李永宏、汪诗平：《放牧对草原植物的影响》，《中国草地》1999 年第
3 期。

林幹：《匈奴通史》，人民出版社 1986 年版。

刘德梅、马玉寿、董全民：《禁牧封育对"黑土滩"人工草地植被的影
响》，《青海畜牧兽医杂志》2008 年第 2 期。

刘晓春、曾燕、邱新法：《影响北京地区的沙尘暴》，《大气科学学报》
2002 年第 1 期。

刘艳华、宋乃平、陶燕格：《禁牧政策影响下的农村劳动力转移机制分
析——以宁夏盐池县为例》，《资源科学》2007 年第 4 期。

鲁春霞等：《中国草地资源利用：生产功能与生态功能的冲突与协调》，《自然资源学报》2009 年第 10 期。

麻国庆：《社会结合和文化传统——费孝通社会人类学思想述评》，《广西民族学院学报》（哲学社会科学版）2005 年第 3 期。

蒙吉军、艾木入拉、刘洋、向芸：《农牧户可持续生计资产与生计策略的关系研究——以鄂尔多斯市乌审旗为例》，《北京大学学报》（自然科学版）2013 年第 2 期。

弥艳、常顺利、师庆东、高翔、黄聪：《农业面源污染对丰水期艾比湖流域水环境的影响》，《干旱区研究》2010 年第 2 期。

《内蒙古自治区人民政府关于促进牧民增加收入的实施意见》，2010 年 1 月 11 日，内蒙古自治区人民政府网，http：//www. nmg. gov. cn/art/2010/1/11/art_ 2659_ 4932. html。

《2014 年阿拉善左旗政府工作报告》，阿拉善左旗人民政府，2014 年。

农业部（现农业农村部）：《全国草原监测报告》（2006—2016）。

欧阳志云、郑华：《生态系统服务的生态学机制研究进展》，《生态学报》2009 年第 11 期。

裴浩、朱宗元、梁存柱：《阿拉善荒漠区生态环境特征与环境保护》，气象出版社 2011 年版。

裴世芳：《放牧和围封对阿拉善荒漠草地土壤和植被的影响》，博士学位论文，兰州大学，2007 年。

齐顾波、胡新萍：《草场禁牧政策下的农民放牧行为研究——以宁夏盐池县的调查为例》，《中国农业大学学报》（社会科学版）2006 年第 2 期。

钱亦兵、吴兆宁、蒋进、杨青：《近 50a 来艾比湖流域生态环境演变及其影响因素分析》，《冰川冻土》2004 年第 1 期。

青海省社会科学院藏学研究所：《藏族部落制度研究》，中国藏学出版社2002 年版。

任继周：《放牧，草原生态系统存在的基本方式——兼论放牧的转型》，《自然资源学报》2012 年第 8 期。

史万森：《当"禁令"面对"贫穷"的时候……——＜禁令频出为何止不住发菜耙子＞采写前后》，《新闻三昧》2007 年第 10 期。

斯科特：《国家的视角：那些试图改善人类状况的项目是如何失败的》，社会科学文献出版社 2004 年版.

苏颖君、张振海、包安明：《艾比湖生态环境恶化及防治对策》，《干旱区地理》2002 年第 2 期。

孙丽、高亚琪：《新疆艾比湖流域耕地面积变化对艾比湖湖面面积的影响分析》，《广西农业科学》2010 年第 8 期。

孙萍、王胜兴、赵玉兰、周兴强：《贺兰山退牧还林后森林植被调查及应采取的对策》，《内蒙古林业调查设计》2004 年第 z1 期。

塔拉腾、陈菊兰、李跻、张继武：《阿拉善荒漠草地退牧还草效果分析》，《草业科学》2008 年第 2 期。

陶格日勒、达来、布日古德、哈斯乌拉：《退化梭梭林禁牧封育周期的研究》，《环境与发展》2014 年第 z1 期。

陶燕格、宋乃平、王磊：《禁牧前与禁牧后畜牧业成本差异对比——以宁夏盐池县为例》，《宁夏大学学报》（自然版）2008 年第 2 期。

田永祯、张斌武、程业森：《贺兰山自然保护区西坡退牧封育效果分析》，《干旱区资源与环境》2007 年第 7 期。

万薇：《区域环境管理与跨地区合作激励机制研究》，博士学位论文，北京大学，2012 年。

王关区：《我国草原退化加剧的深层次原因探析》，《内蒙古社会科学》2006 年第 4 期。

王建革：《定居游牧、草原景观与东蒙社会政治的构建（1950－1980）》，《南开学报》2006 年第 5 期。

王建革：《游牧圈与游牧社会——以满铁资料为主的研究》，《中国经济史研究》2000 年第 3 期。

王丽娟、李青丰、根晓：《禁牧对巴林右旗天然草地生产力及植被组成的影响》，《中国草地学报》2005 年第 5 期。

王明玖：《内蒙古自治区志草原志》，内蒙古人民出版社 2015 年版。

王明珂：《游牧者的抉择》，广西师范大学出版社 2008 年版。

王欧：《退牧还草地区生态补偿机制研究》，《中国人口资源与环境》2006 年第 4 期。

王树义：《流域管理体制研究》，《长江流域资源与环境》2000 年第 4 期。

王小鹏、赵成章等：《基于不同生态功能区农牧户认知的草地生态补偿依据研究》，《中国草地学报》2012 年第 3 期。

王岩春、干友民、费道平、邰峰：《川西北退牧还草工程区围栏草地植被恢复效果的研究》，《草业科学》2008 年第 10 期。

王彦荣、曾彦军、付华：《过牧及封育对红砂荒漠植被演替的影响》，《中国沙漠》2002 年第 4 期。

王羊、蔡运龙、刘金龙等：《公共池塘资源可持续管理的理论框架》，《自然资源学报》2012 年第 10 期。

邬建国：《景观生态学——格局、过程、尺度与等级》，高等教育出版社2007 年版。

肖爱民：《北方游牧民族两翼制度研究》，博士学位论文，中央民族大学，2004 年。

谢来辉、陈迎：《碳泄漏问题评析》，《气候变化研究进展》2007 年第 4 期。

邢纪平：《牧户对退牧还草政策的响应及其影响因素分析》，博士学位论文，新疆农业大学，2008 年。

徐红罡：《"生态移民"政策对缓解草原生态压力的有效性分析》，《国土与自然资源研究》2011 年第 4 期。

徐绍史：《国务院关于生态补偿机制建设工作情况的报告》，2013 年 4 月，中国人大网，http：//www. npc. gov. cn/zgrdw/npc/zxbg/gwygystbcjzjsgzqk-dbg/node_ 21194. htm。

许晴、王英舜、许中旗：《不同禁牧时间对典型草原净初级生产力的影响》，《中国草地学报》2011 年第 6 期。

许中旗、李文华、许晴：《禁牧对锡林郭勒典型草原物种多样性的影响》，《生态学杂志》2008 年第 8 期。

荀丽丽：《"失序"的自然一个草原社区的生态、权力与道德》，社会科学文献出版社 2012 年版。

闫玉春、唐海萍：《围栏禁牧对内蒙古典型草原群落特征的影响》，《西北植物学报》2007 年第 6 期。

严江平等:《甘南黄河水源补给区生态补偿农户参与意愿分析》,《中国人口资源与环境》2012 年第 4 期。

杨光梅、闵庆文等:《我国生态补偿研究中的科学问题》,《生态学报》2007 年第 10 期。

尹剑慧、卢欣石:《草原生态服务价值核算体系构建研究》,《草地学报》2009 年第 2 期。

尹俊、蒋龙、徐祖林:《云南迪庆州天然草原退牧还草工程实施对草原生态及牧区社会经济的影响》,《草业与畜牧》2010 年第 11 期。

袁国映:《艾比湖退缩及其对环境的影响》,《干旱区地理》1990 年第 4 期。

岳乐平、杨利荣、李智佩:《阿拉善高原干涸湖床沉积物与华北地区沙尘暴》,《第四纪研究》2004 年第 3 期。

张金良、包根晓、吴文俊等:《阿拉善左旗草原畜牧业发展形势出现的问题及对策》,《内蒙古林业调查设计》2013 年第 5 期。

张茂林、马翔鹤、陶永红:《阿拉善左旗草原保护与建设现状及发展的思考》,《内蒙古草业》2008 年第 1 期。

张谧、王慧娟、于长青:《珍珠草原对不同模拟放牧强度的响应》,《草业科学》2010 年第 8 期。

张倩:《畜草双承包责任制的政策有效性研究:基于资源时空异质性的分析》,博士学位论文,北京大学,2007 年。

张小咏、邵景安、黄麟:《三江源南部草地退化时空特征分析》,《地球信息科学学报》2012 年第 5 期。

赵爱桃、刘天明:《退耕退牧还草农牧户的社会认知与政策响应》,《中国草地学报》2008 年第 1 期。

郑敬刚、何明珠、苏云:《放牧和围封对干旱区草地生态系统的影响》,《河南农业科学》2011 年第 12 期。

中国生态补偿机制与政策研究课题组:《中国生态补偿机制与政策研究》,科学出版社 2007 年版。

周驰、何隆华、杨娜:《人类活动和气候变化对艾比湖湖泊面积的影响》,《海洋地质与第四纪地质》2010 年第 2 期。

［美］埃莉诺·奥斯特罗姆：《公共事务的治理之道》，上海三联书店 2000
年版。

二 英文文献

Admiraal, J. F. and A. Wossink, et al. , "More Than Total Economic Value:
How to Combine Economic Valuation of Biodiversity with Ecological Resili-
ence", *Ecological Economics*, Vol. 89, 2013.

Anderies, J. M. and M. A. Janssen, et al. , "A Framework to Analyze the Robust-
ness of Social – ecological Systems from an Institutional Perspective", *Ecology
and Society*, Vol. 9, No. 1, 2004.

ArildVatn, "An Institutional Analysis of Payments for Environmental Services",
Ecological Economics, Vol. 69, No. 6, 2010.

Basurto, X. , et al. , "The Social – Ecological System Framework as a Knowledge
Classificatory System for Benthic Small – Scale Fisheries", *Global Environmental
Change*, Vol. 23, No. 6, 2013.

Bennett, M. T. , "China's Sloping Land Conversion Program: Institutional Inno-
vation or Business as Usual", *Ecological Economics*, Vol. 65, No. 4, 2008.

BennoPokorny, James Johnson, Gabriel Medina, et al. , "Market – Based Con-
servation of the Amazonian Forests: Revisiting Win – Win Expectations", *Geo-
forum*, Vol. 43, No. 3, 2012.

Berkes, F. and C. S. Seixas, "Building Resilience in Lagoon Social—Ecological
Systems: a Local – Level Perspective", *Ecosystems*, Vol. 8, No. 8, 2005.

Binder, C. R. , Hinkel, J. , Bots, P. , et al. , "Comparison of Frameworks for
Analyzing Social – ecological Systems", *Ecology and Society*, Vol. 18, No.
4, 2013.

Bowles, S. , "Policies Designed for Self – Interested Citizens may Undermine 'the
Moral Sentiments': Evidence from Economic Experiments", *Science*, Vol. 320,
No. 5883, 2008.

BrendanFisher, R. Kerry Turner, Paul Morling, "Defining and Classifying Eco-
system Services for Decision Making", *Ecological Economics*, Vol. 68, No. 3,

2009.

Bürgi, M. , Straub, A. , Gimmi, U. , et al. , "The Recent Landscape History of Limpach Valley, Switzerland: Considering Three Empirical Hypotheses on Driving Forces of Landscape Change", *Landscape Ecology*, Vol. 25, No. 2, 2010.

Brondizio, E. S. , E. Ostrom and O. R. Young, "Connectivity and the Governance of Multilevel Social – Ecological Systems: The Role of Social Capital", *Annual Review of Environment and Resources*, Vol. 34, No. 1, 2009.

Cao, S. , "Why Large – Scale Afforestation efforts in China Have Failed to Solve the Desertification Problem", *Environmental Science & Technology*, Vol. 42, No. 6, 2008.

Carpenter, S. and B. Walker, et al. , "From Metaphor to Measurement: Resilience of What to What? " *Ecosystems*, Vol. 4, No. 8, 2001.

Carpenter, S. R. and E. M. Bennett, et al. , "Scenarios for Ecosystem Services: An Overview", *Ecology and Society*, Vol. 11, No. 291, 2006.

Cash, D. W. and S. C. Moser, "Linking Global and Local Scales: Designing Dynamic Assessment and Management Processes", *Global Environmental Change*, Vol. 10, No. 2, 2000.

Chan, Kai M. A. , Pringle, Robert M. , Ranganathan, Jai, et al. , "When Agendas Collide: Human Welfare and Biological Conservation", *Conservation Biology*, Vol. 21, No. 1, 2007.

Chao Bao, Chuang – lin Fang, "Water Resources Constraint Force on Urbanization in Water Deficient Regions: A Case Study of the Hexi Corridor Arid Area of NW China", *Ecological Economics*, Vol. 62, No. 3, 2007.

Charles L. Redman, J. Morgan Grover, Lauren H. Kuby, "Integrating Social Science into the Long – Term Ecological Research (LTER) Network: Social Dimensions of Ecological Change and Ecological Dimensions of Social Change", *Ecosystems*, Vol. 7, No. 2, 2004.

Chillo, V. , Anand M. , Ojeda, R. A. , "Assessing the Use of Functional Diversity as a Measure of Ecological Resilience in Arid Rangelands", *Ecosystems*,

Vol. 14, No. 7, 2011.

Costanza, R., d'Arge, R., de Groot, R., "The Value of the World's Eco-system Services and Natural Capital", *Nature*, Vol. 387, No. 6630, 1997.

CrystalGauvin, Emi Uchida, Scott Rozelle, et al., "Cost – Effectiveness of Payments for Ecosystem Services with Dual Goals of Environment and Poverty Allevi-ation", *Environmental Mannagement*, Vol. 45, No. 3, 2010.

C. S. Holling, Gary K. Meffe, "Command and Control and the Pathology of Natu-ral Resource Management", *Conservation Biology*, Vol. 10, No. 2, 1996.

Cumming, G. S., D. H. M. Cumming and C. L. Redman, "Scale Mismatches in Social – Ecological Systems: Causes, Consequences, and Solutions", *Ecology and Society*, Vol. 11, No. 1, 2006.

Erik Gómez – Baggethun, Groot, R. D., Lomas, P. L., et al., "The History of Ecosystem Services in Economic Theory and Practice: from Early Notions to Markets and Payment Schemes", *Ecological Economics*, Vol. 69, No. 6, 2010.

EsteveCorbera, Carmen González Soberanis, Katrina Brown, "Institutional Di-mensions of Payments for Ecosystem Services: An Analysis of Mexico's Carbon Forestry Programme", *Ecological Economics*, Vol. 68, No. 3, 2009.

E. Uchida, J. Xu, Z. Xu, S. Rozelle, "Are the Poor Benefiting from China's Land Conservation Program?" *Environmental and Development Economics*, Vol. 12, No. 4, 2007.

Fernandez – Gimenez, M. E. and S. Le Febre, "Mobility in Pastoral Systems: Dy-namic Flux or Downward Trend?" *The International Journal of Sustainable Devel-opment and World Ecology*, Vol. 13, No. 5, 2006.

Ferraro, P. J. and A. Kiss, "Ecology – Direct Payments to Conserve Biodiversi-ty", *Science*, Vol. 298, No. 5599, 2002.

Fisher, J., "No Pay, No Care? A Case Study Exploring Motivations for Partici-pation in Payments for Ecosystem Services in Uganda", *Oryx*, Vol. 46, No. 1, 2012.

Folke, C., "Resilience: The Emergence of a Perspective for Social – Ecological

Systems Analyses", *Global Environmental Change*, Vol. 16, No. 3, 2006.

Frank, D. A., Evans, R., "Effects of Native Grazers on Grassland N Cycling in Yellow Stone National Park", *Ecology*, Vol. 78, No. 7, 1997.

G. D. Peterson, S. R. Carpenter and W. A. Brock, "Uncertainty and the Management of Multistate Ecosystems: An Apparently Rational Route to Collapse", *Ecology*, Vol. 84, No. 6, 2003.

Gibson, C. C. ," The Concept of Scale and the Human Dimensions of Global Change : A Survey", *Ecological Economics*, Vol. 32, No. 2, 2000.

Gongbuzeren, Li, Yanbo, Li, Wenjun, "China's Rangeland Management Policy Debates: What Have We learned?" *Rangeland Ecology & Management*, Vol. 68, No. 4, 2015.

Grosjean, P. and K., "Andreas How Sustainable are Sustainable Development Programs? The Case of the Sloping Land Conversion Program in China", *World Development*, Vol. 37, No. 1, 2009.

Gufu Oba, Eric Post, P. O. Syvertsen, "Bush Cover and Range Condition Assessments in Relation to Landscape and Grazing in Southern Ethiopia", *Landscape Ecology*, Vol. 15, No. 6, 2000.

Heshmati, G. A. and Z. Mohebbi, "Development of State – and – Transition Models (STM): Integrating Ecosystem Function, Structure and Energy to STM", *Journal of Rangeland Science (JRS)*, Vol. 2, No. 4, 2012.

Hunt, L. M., Sutton, S. G., Arlinghaus, R. "Illustrating the Critical Role of Human Dimensions Research for Understanding and Managing Recreational Fisheries within a Social – Ecological System Framework", *Fisheries Management and Ecology*, Vol. 20, No. 2 – 3, 2013.

JamesBoyd, Spencer Banzhaf, "What are Ecosystem Services? The Need for Standardized Environmental Accounting Units", *Ecological Economics*, Vol. 63, No. 2, 2007.

Janssen, M. A. and J. M. Anderies, et al., "Robust Strategies for Managing Rangelands with Multiple Stable Attractors", *Journal of Environmental Economics and Management*, Vol. 47, No. 1, 2004.

Jiang, H., "Decentralization, Ecological Construction, and the Environment in Post – Reform China", *World Development*, Vol. 34, No. 11, 2006.

JianguoLiu, Jane Lubchenco, Elinor Ostrom, et al., "Complexity of Coupled Human and Natural Systems", *Science*, Vol. 317, No. 5844, 2007.

Joshua Farley, Robert Costanza, "Payments for Ecosystem Services: from Local to Global", *Ecological Economics*, Vol. 69, No. 11, 2010.

Jun Li, Wen, Saleem H. Ali, and Qian Zhang, "Property Rights and Grassland Degradation: A Study of the Xilingol Pasture, Inner Mongolia, China", *Journal of Environmental Management*, Vol. 85, No. 2, 2007.

Kent H. Redford, William M. Adams, "Payment for Ecosystem Services and the Challenge of Saving Nature", *Conservation Biology*, Vol. 23, No. 4, 2009

Komarek, A. M., et al., "Household – Level Effects of China's Sloping Land Conversion Program under Price and Policy Shifts", *Land Use Policy*, Vol. 40, No. 9, 2014.

Kosoy, N. A. S. and E. Corbera, "Payments for Ecosystem Services as Commodity Fetishism", *Ecological Economics*, Vol. 69, No. 6, 2010.

Kremen, C., J. O. Niles, M. G. Dalton, G. C. Daily, P. R. Ehrlich, J. P. Fay and D. Grewal, "Economic Incentives for Rain Forest Conservation across Scales", *Science*, Vol. 288, No. 5472, 2000.

Kuik, O., Reyer, G., "Trade Liberalization and Carbon Leakage", *The Energy Journal*, Vol. 24, No. 3, 2003.

Lambin, E., "Managing Mobility in African Rangelands", *The legitimization of Transhumance*, *Ecological Economics*, Vol. 38, No. 2, 2001.

Liu, J., et al., "Coupled Human and Natural Systems", *AMBIO*, Vol. 36, No. 8, 2007.

Liu, J., et al., "Ecological and Socioeconomic Effects of China's Policies for Ecosystem Services", *Proceedings of the National Academy of Sciences of the United States of America*, Vol. 105, No. 28, 2008.

Liu, J., V. Hull, M. Batistella, R. DeFries, et al., "Framing Sustainability in a Telecoupled World", *Ecology and Society*, Vol. 18, No. 2, 2013.

Li Yanbo, Fan Mingming, Li Wenjun, "Application of Payment for Ecosystem Services in China' s Rangeland Conservation Initiatives: a Social – Ecological System Perspective", *The Rangeland Journal*, Vol. 37, No. 3, 2015.

LynnHunstsinger, José L. Oviedo, "Ecosystem Services are Social – ecological Services in a Traditional Pastoral System: the Case of California's Mediterranean Rangelands", *Ecology & Society*, Vol. 19, No. 1, 2014.

Martin, S. and D. G., "Defining Resilience Mathematically: From Attractors to Viability. U. C. Systems", *Springer Berlin Heidelberg*, 2011.

Millennium Ecosystem Assessment (MA), *Ecosystems and Human Well – being: The Assessment Series*, Washington, DC: Island Press, 2005.

Muradian, R., Arsel, M., Pellegrini, L., et al., "Payments for Ecosystem Services and the Fatal Attraction of Win – Win Solutions", *Conservation Letters*, Vol. 6, No. 4, 2013.

NatashaLandell – Mills, Ina T. Porras, *Silver Bullet or Fools′ Gold*, London: International Institute of Environment & Development, 2002.

Nelson, F., "Natural Conservationists? Evaluating the Impact of Pastoralist Land Use Practices on Tanzania's Wildlife Economy", *Pastoralism*, Vol. 2, No. 1, 2012.

Nicole D. Gross – Camp, Adrian Martin, Shawn McGuire, et al., "Payments for Ecosystem Services in an African Protected Area: Exploring Issues of Legitimacy, Fairness, Equity and Effectiveness", *ORYX*, Vol. 46, No. 1, 2012.

Nigel M. Asquith, Maria Teresa Vargas, Sven Wunder, "Selling Two Environmental Services: In – kind Payments for Bird Habitat and Watershed Protection in Los Negros, Bolivia", *Ecological Economics*, Vol. 65, No. 4, 2008.

Norgaard, Richard B., "Ecosystem Services: From Eye – Opening Metaphor to Complexity Blinder", *Ecological Economics*, Vol. 69, No. 6, 2010.

Ostrom, E., "ADiagnostic Approach for Going Beyond Panaceas", *Proceedings of the National Academy of Sciences of the United States of America*, Vol. 104, No. 39, 2007.

Ostrom, E., "A General Framework for Analyzing Sustainability of Social – Ecological Systems", *Science*, Vol. 325, No. 5939, 2009.

Ostrom, E., "Understanding Transformations in Human and Natural Systems", *Ecological Economics*, Vol. 49, No. 4, 2004.

Pagiola, S. and E. Ramírez, et al., "Paying for the Environmental Services of Silvopastoral Practices in Nicaragua", *Ecological Economics*, Vol. 64, No. 2, 2007.

Paoloni, J. D., Sequeira, M. E., Fiorentino, C. E., Amiotti, N. M., Vazquez, R. J, "Water Resources in the Semi – Arid Pampa – Patagonia Transitional Region of Argentina", *Journal of Arid Environments*, Vol. 53, No. 2, 2003.

Parkhurst, G. M., Shogren, J. F., Bastian, C., et al., "Agglomeration Bonus: An Incentive Mechanism to Reunite Fragmented Habitat for Biodiversity Conservation", *Ecological Economics*, Vol. 41, No. 2, 2002.

Pattanayak, S. K., "Show Me the Money: Do Payments Supply Environmental Services in Developing Countries?" *Review of Environmental Economics and Policy*, Vol. 4, No. 2, 2010.

Paul J. Ferraro, "Asymmetric Information and Contract Design for Payments for Environmental Services", *Ecological Economics*, Vol. 65, No. 4, 2008.

Peter G. H. Frost, Ivan Bond, "The CAMPFIRE Programme in Zimbabwe: Payments for Wildlife Services", *Ecological Economics*, Vol. 65, No. 4, 2008.

Peters, D. P. C., et al., "Cross – Scale Interactions and Changing Pattern – Process Relationships: Consequences for System Dynamics", *Ecosystems*, Vol. 10, No. 5, 2007.

Peterson, Markus J., Hall, Damon M., Feldpausch – Parker, Andrea M., et al., "Obscuring Ecosystem Function with Application of the Ecosystem Services Concept", *Conservation Biology*, Vol. 24, No. 1, 2010.

Plummer R., and D. Armitage, "A Resilience Based Framework for Evaluating Adaptive Co – Management: Linking Ecology, Economics and Society in a Complex World", *Ecological Economics*, Vol. 61, 2007.

Rammel, C., Stagl, S., Wilfing, H., "Managing Complex Adaptive Systems – A Co – evolutionary Perspective on Natural Resource Management", *Ecologi-*

cal Economics, Vol. 63, No. 1, 2007.

Reeson, A., & Tisdell, J., "When Good Incentives Go Bad: An Experimental Study of Institutions, Motivations and Crowding out", Paper presented at the AARES 50th Annual Conference, Sydney.

Robin J. Kemkes, Joshua Farley, Christopher J. Koliba, "Determining When Payments are an Effective Policy Approach to Ecosystem Service Provision", *Ecological Economics*, Vol. 69, No. 69, 2010.

RoldanMuradian, Esteve Corbera, Unai Pascual, et al., "Reconciling Theory and Practice: An Alternative Conceptual Framework for Understanding Payments for Environmental Services", *Ecological Economics*, Vol. 69, No. 6, 2010.

RoldanMuradian, Laura Rival, "Between Markets and Hierarchies: The Challenge of Governing Ecosystem Services", *Ecosystem Services*, Vol. 1, No. 1, 2012.

Sanchez – Azofeifa, G. A., et al., "Costa Rica's Payment for Environmental Services Program: Intention, Implementation, and Impact", *Conservation Biology*, Vol. 21, No. 5, 2007.

Scholes, R., Reyers, B., Biggs, R., et al., "Multi – Scale and Cross – Scale Assessments of Social – Ecological Systems and Their Ecosystem Services", *Current Opinion in Environmental Sustainability*, Vol. 5, No. 1, 2013.

Schouten, M., van der Heide, C. M., Heijman, W., et al., "A Resilience – Based Policy Evaluation Framework: Application to European Rural Development Policies", *Ecological Economics*, Vol. 81, No. 1, 2012.

Shen, W., G. D. Jenerette, J. Wu, and R. H. Gardner, "Evaluating Empirical Scaling Relations of Pattern Metrics with Simulated Landscapes", *Ecography*, Vol. 27, No. 4, 2004.

Stefanie Engel, Stefano Pagiola, Sven Wunder, "Designing Payments for Environmental Services in Theory and Practice: An Overview of the Issues", *Ecological Economics*, Vol. 65, No. 4, 2008.

StefanoPagiola, Joshua Bishop, Natasha Landell – Mills, Selling Forest Environmental Services: Market – Based Mechanisms for Conservation and Development, Earthscan, 2002.

Stefano Pagiola, "Payments for Environmental Services in Costa Rica", *Ecological Economics*, Vol. 65, No. 4, 2008.

Sven Wunder, Montsrrat Alban, "Decentralized Payments for Environmental Services: the Cases of Pimampiro and PROFAFOR in Ecuador", *Ecological Economics*, Vol. 65, No. 4, 2008.

TimmKroeger, "The Quest for the 'Optimal' Payment for Environmental Services Program: Ambition Meets Reality, with Useful Lessons", *Forest Policy and Economics*, Vol. 37, No. 12, 2013.

Walker, B., Gunderson, L., Kinzig, A., et al., "A Handful of Heuristics and Some Propositions for Understanding Resilience in Social – Ecological Systems", *Ecology and Society*, Vol. 11, No. 1, 2006.

Westman, W. E, "How Much are Nature's Services Worth?" *Science*, Vol. 197, No. 4307, 1977.

Wickham, J. D., et al., "Temporal Change in Forest Fragmentation at Multiple Scales", *Landscape Ecology*, Vol. 22, No. 4, 2007.

Wilbanks, T. J. and R. W. Kates, "Global Change in Local Places: How Scale Matters", *Climatic Change*, Vol. 43, No. 3, 1999.

Wu, J., "Hierarchy and Scaling: Extrapolating Information along a Scaling Ladder", *Canadian Journal of Remote Sensing*, Vol. 25, No. 4, 1999.

Wunder, S., *Payments for Environmental Services: Some Nuts and Bolts*, Indonesia: CIFOR Occasional Paper, 2005.

Xu, Jintao, Runsheng Yin, Zhou Li, and Can Liu, "China's Ecological Rehabilitation: Unprecedented Efforts, Dramatic Impacts, and Requisite Policies", *Ecological Economics*, Vol. 57, No. 4, 2006.

Yin, R., Zhao, M., "Ecological Restoration Programs and Payments for Ecosystem Services as Integrated Biophysical and Socioeconomic Processes—China's Experience as an Example", *Ecological Economics*, Vol. 73, 2012.